Pflanzenschutzmittelstrategien im Zuckerrübenanbau in Deutschland –

ein Beitrag zum integrierten Pflanzenschutz

Aus dem Institut für Zuckerrübenforschung Göttingen,

An-Institut der Georg-August-Universität Göttingen

Pflanzenschutzmittelstrategien im Zuckerrübenanbau in Deutschland – ein Beitrag zum integrierten Pflanzenschutz

Dissertation

zur Erlangung des Doktorgrades

der Fakultät für Agrarwissenschaften

der Georg-August-Universität Göttingen

vorgelegt von

Eike-Hennig Vasel

geboren in Helmstedt

Göttingen, im November 2012

Bibliografische Information der Deutschen Nationalbibliothek
Die Deutsche Nationalbibliothek verzeichnet diese Publikation in der Deutschen Nationalbibliografie; detaillierte bibliografische Daten sind im Internet über http://dnb.d-nb.de abrufbar.
1. Aufl. - Göttingen : Cuvillier, 2013
Zugl.: Göttingen, Univ., Diss., 2012

978-3-95404-428-3

D 7

1. Referent:	Prof. Dr. Bernward Märländer
2. Korreferent:	Prof. Dr. Peter Zwerger
3. Prüfer (Disputation):	Prof. Dr. Andreas von Tiedemann
Tag der mündlichen Prüfung:	05. November 2012

Nonnenstieg 8, 37075 Göttingen
Telefon: 0551-54724-0
Telefax: 0551-54724-21
www.cuvillier.de

1. Auflage, 2013
Gedruckt auf säurefreiem Papier

978-3-95404-428-3

Publikationen

Folgende Manuskripte der vorliegenden Dissertation sind bereits publiziert:

VASEL, E. H., E. LADEWIG, B. FREIER, B. MÄRLÄNDER, 2011: Ansätze zur Ermittlung des notwendigen Maßes im Pflanzenschutz in Zuckerrüben. Sugar Industry 136, 611-620.

VASEL, E. H., E. LADEWIG, B. MÄRLÄNDER, 2012: Weed composition and herbicide use strategies in sugar beet cultivation in Germany. Journal für Kulturpflanzen, 64 (4). S. 112-125.

VASEL, E. H., E. LADEWIG, B. MÄRLÄNDER, 2013: Auftreten von Blattkrankheiten und Schadinsekten sowie Fungizid- und Insektizidstrategien im Zuckerrübenanbau in Deutschland. Journal für Kulturpflanzen, 65 (2). S. 37-49.

Inhalt

Abbildungsverzeichnis

Artikel 1

Artikel 2

Artikel 3

Tabellenverzeichnis

Artikel 1

Artikel 2

Artikel 3

Abkürzungsverzeichnis

a	Maximalwert der Funktion
a.i.	active ingredients
b	Standardabweichung der Funktion
BfR	Bundesinstitut für Risikobewertung
BH	Behandlungshäufigkeit
BI	Behandlungsindex
BKR	Boden-Klima-Region
BLE	Bundesanstalt für Landwirtschaft und Ernährung
BMELV	Bundesministerium für Ernährung, Landwirtschaft und Verbraucherschutz
BMVEL	Bundesministerium für Verbraucherschutz, Ernährung und Landwirtschaft
BVL	Bundesamt für Verbraucherschutz und Lebensmittelsicherheit
e.r.	exemplary region
EFSA	European Food Safety Authority
EPPO	European and Mediterranean Plant Protection Organization
ERA	Erhebungsregion im Ackerbau
FRAC	Fungicide Action Committee
GMHT	Genetically Modified Herbicide Tolerant
GWG	Gesamtwirkungsgrad
hp	herbicide products
IfZ	Institut für Zuckerrübenforschung, Göttingen
J	Jahr
JKI	Julius Kühn-Institut
JRC	Joint Research Center
KA	Koordinierungsausschuß
KTBL	Kuratorium für Technik und Bauwesen in der Landwirtschaft

MW	Mittelwert
n	Stichprobengröße
n.s.	nicht signifikant
NAP	Nationaler Aktionsplan zur nachhaltigen Anwendung von Pflanzenschutzmitteln
NEPTUN	Netzwerk zur Ermittlung der Pflanzenschutzmittelanwendung in unterschiedlichen, landwirtschaftlich relevanten Naturräumen Deutschlands
O	Ort
p	Signifikanzwert
PaPa	Panel of Plant Protection
PflSchG	Pflanzenschutzgesetz
Proc GLM	Prozedur Generalisierte Lineare Modelle
PSM	Pflanzenschutzmittel
r^2	Bestimmtheitsmaß
REGWQ	Mittelwertvergleich nach Ryan-Einot-Gabriel-Welsch
SBCS	Sugar Beet Cultivation-Survey
SD	Standardabweichung
TF	Treatment frequency
TI	Treatment index
TI_H	Treatment index herbicides
V	Variante
x_0	Erwartungswert der Funktion

I Prolog

Einleitung

Der Einsatz von chemischen Pflanzenschutzmitteln im Ackerbau nahm seit Mitte des letzten Jahrhunderts auf Grund von steigenden Lohnkosten, Rationalisierung im Einzelbetrieb sowie dem Mangel an Arbeitskräften stetig zu (KOLBE, 1985).

Im Rahmen des kulturübergreifenden Einsatzes von Pflanzenschutzmitteln und allgemein bei der Produktion von Lebensmitteln und Futtermitteln kam es vor allem in den 1990er Jahren zu einer Reihe von Vorfällen, wie zum Beispiel der Dioxin- und BSE-Krise (ANONYMUS, 2000). Diese Krisen verdeutlichten die Notwendigkeit der Überarbeitung von Qualitätsnormen und Kontrollsystemen sowie des Risikomanagements mit dem Ziel größtmöglicher Transparenz auf allen Ebenen der Lebensmittel- und Futtermittelsicherheitspolitik in der Europäischen Union (ANONYMUS, 2000). Dies führte ab 2002 zu der Etablierung der europäischen Behörde für Lebensmittelsicherheit (European Food Safety Authority, EFSA), die für das Risikomanagement zuständig ist. Die Aufgaben der Risikoforschung wurden dem Joint Research Center (JRC) übertragen. Auf nationaler Ebene wurden das Bundesamt für Verbraucherschutz und Lebensmittelsicherheit (BVL) und das Bundesinstitut für Risikobewertung (BfR) gegründet, die dem Bundesministerium für Ernährung, Landwirtschaft und Verbraucherschutz (BMELV) unterstellt sind. Auf legislativer Ebene wurden verschiedene Verordnungen und Richtlinien wie unter anderem die EU-Verordnung über das Inverkehrbringen von Pflanzenschutzmitteln (Verordnung (EG) Nr. 1107/2009), die EU-Verordnung über die Höchstgehalte von Pestizidrückständen in Lebens- und Futtermitteln (Verordnung (EG) Nr. 396/2005) sowie die Richtlinie über einen Aktionsrahmen der Gemeinschaft für die nachhaltige Verwendung von Pestiziden (Richtlinie 2009/128/EG) verabschiedet. In der letztgenannten Richtlinie ist festgehalten, dass die Mitgliedstaaten nationale Aktionspläne (NAP) erstellen, mit denen quantitative Vorgaben, Ziele, Maßnahmen, Zeitpläne und Indikatoren zur Verringerung der Risiken und Auswirkungen der Verwendung von Pestiziden auf die menschliche Gesundheit und die Umwelt festgelegt werden sollen. Weiterhin soll die Entwicklung und Anwendung des integrierten Pflanzenschutzes sowie von alternativen Konzepten oder Techniken zur Verringerung der Abhängigkeit von der Verwendung von Pestiziden gefördert werden (Richtlinie 2009/128/EG). Der integrierte Pflanzenschutz stellt dabei ein ganzheitliches, langfristig angelegtes Pflanzenschutzsystem dar und verfolgt das Ziel, den ökologischen, ökonomischen und sozialen Anforderungen gleichermaßen gerecht zu werden, in dem die

Anwendung chemischer Pflanzenschutzmittel auf das notwendige Maß begrenzt wird (BMELV, 2008; PflSchG, 2012).

Das quantitative Ziel des Nationalen Aktionsplans zur nachhaltigen Anwendung von Pflanzenschutzmitteln (NAP) ist die Reduktion der Risiken, die durch die Anwendung von Pflanzenschutzmitteln entstehen können um weitere 25 % bis 2020 sowie die Weiterentwicklung des integrierten Pflanzenschutzes, der ab 2014 für alle EU-Mitgliedstaaten verpflichtend sein wird. Um diese Ziele zu erreichen, wird die Forschung in diesem Bereich durch ein Programm zur Innovationsförderung des BMELV gefördert.

Projektvorstellung

Im Rahmen dieser Innovationsförderung wurde von 2008 bis 2011 ein Verbundprojekt gefördert, das die Erstellung einer kulturpflanzenspezifischen Leitlinie für den integrierten Pflanzenschutz in Zuckerrüben und einer exemplarischen Ermittlung der ökologischen und ökonomischen Auswirkungen von innovativen Anwendungen von Pflanzenschutzmitteln beinhaltet (ANONYMUS, 2012). In einem Teilprojekt soll die Entwicklung des Pflanzenschutzes in Zuckerrüben und die Ermittlung von Pflanzenschutzstrategien sowie deren ökonomische Bewertung erfolgen. Dieses Teilprojekt ist die Basis für die vorliegende Arbeit.

Durchgeführte Arbeiten

Die Darstellung der Ergebnisse des Teilprojektes erfolgt im Rahmen einer Dissertation auf Grundlage einer Publikation einschließlich eines Vortrages zur Göttinger Zuckerrübentagung 2011 (Artikel 1) sowie zwei weiteren Beiträgen, die in wissenschaftlichen Journalen bereits erschienen sind (Artikel 2 und 3).

Im **Artikel 1** (VASEL et al., 2011) wurden Ansätze zur Ermittlung des notwendigen Maßes im integrierten Pflanzenschutz in Zuckerrüben untersucht.

Gemäß der Verordnung (EG) Nr. 1107/2009 und der Richtlinie 2009/128/EG müssen die Grundsätze des integrierten Pflanzenschutzes ab 2014 verpflichtend angewendet werden. Dies beinhaltet auch die Einhaltung des notwendigen Maßes (Richtlinie 2009/128/EG; PflSchG, 2012). Da die Art und Weise der Ermittlung des notwendigen Maßes sich noch in Diskussion befand, wurden in diesem Artikel verschiedene Ansätze anhand der umfangreichen Datensätze der NEPTUN-Erhebung, der Umfrage Produktionstechnik und des Netz Vergleichsbetriebe überprüft.

Die Analyse von Herbizidstrategien im Zuckerrübenanbau in Deutschland und deren Ursachen erfolgte in **Artikel 2** (VASEL et al., 2012).

Das Unkrautauftreten und der Herbizideinsatz in Zuckerrüben haben sich in den letzten Dekaden sehr verändert. Um Entwicklungen im Pflanzenschutz aufzuzeigen, ist eine präzise Beschreibung der Verunkrautungen und der angewandten Herbizidstrategien von großem Nutzen. Je nach Fragestellung ist dabei eine repräsentative Datengrundlage erforderlich. Dies lag für Deutschland erstmals umfangreich durch die NEPTUN-Erhebung 2005, 2007 und 2009 mit jeweils etwa 500 untersuchten Betrieben vor. Die Analyse von Herbizidstrategien ermöglicht es dabei Entwicklungen zu erkennen und Reduktionspotentiale aufzuzeigen. Dafür ist die Kenntnis der Ursachen erforderlich. Insbesondere die Unkrautentwicklung ließ sich aus langjährig vorliegenden Daten der Umfrage Produktionstechnik ableiten. Die Verknüpfung der auftretenden Verunkrautung innerhalb der Regionen mit den jeweiligen Herbizidstrategien aus der NEPTUN-Erhebung ermöglichte dabei Erklärungsansätze für differenzierte Ergebnisse zwischen Regionen und Jahren zu finden und trägt somit zur Weiterentwicklung des integrierten Pflanzenschutzes bei. Erkenntnisse aus dieser Analyse fließen in die Erarbeitung der Leitlinien zum integrierten Pflanzenschutz in Zuckerrüben ein.

Im **Artikel 3** (VASEL et al., 2013) wurden als Ergänzung zu Artikel 2 das Auftreten von Blattkrankheiten und Schadinsekten sowie Fungizid- und Insektizidstrategien im Zuckerrübenanbau in Deutschland untersucht.

Seit 1999 hat sich der Anteil mit Blattkrankheiten befallener Zuckerrüben stark, auf nahezu die gesamte Anbaufläche Deutschlands, ausgebreitet. Entsprechend hat sich der Fungizideinsatz ausgebreitet. Das Auftreten von Schadinsekten zeigte innerhalb dieser Zeitspanne jahresbedingte Variationen, jedoch keinen Trend. Der Einsatz von Insektiziden variierte daher weniger. Da der Einsatz von Molluskiziden im Zuckerrübenanbau als vernachlässigbar gering eingestuft werden kann, wird mit der Analyse der Wirkstoffbereiche Herbizide, Fungizide und Insektizide der praxisnahe Pflanzenschutzmitteleinsatz in Zuckerrüben umfassend beschrieben.

Literatur

ANONYMUS, 2000: Weissbuch zur Lebensmittelsicherheit. Kommission der Europäischen Gemeinschaften. KOM(1999) 719.

ANONYMUS, 2012: Verbundprojekt: Entwicklungen von Leitlinien für den integrierten Pflanzenschutz in Zuckerrüben und exemplarische Ermittlung der ökologischen und ökonomischen Auswirkungen von innovativen Anwendungen von Pflanzenschutzmitteln. Teilprojekt 1, 2.1 und 2.3. Förderkennzeichen 2814204407. Onlinequelle: http://edok01.tib.uni-hannover.de/edoks/e01fb12/687544912.pdf (20. August 2012).

BMELV, 2008: Nationaler Aktionsplan zur nachhaltigen Anwendung von Pflanzenschutzmitteln. Bundesministerium für Ernährung, Landwirtschaft und Verbraucherschutz. Bonn, Eigenverlag.

KOLBE, W., 1985: 200 Jahre Pflanzenschutz in Zuckerrüben. Bonn, Rheinischer Landwirtschafts-Verlag, 104 S.

PflSchG, 2012: Gesetz zum Schutz der Kulturpflanzen (Pflanzenschutzgesetz – PflSchG). Ausfertigungsdatum 06.02.2012.

Richtlinie 2009/128/EG: des Europäischen Parlaments und des Rates vom 21. Oktober 2009 über einen Aktionsrahmen der Gemeinschaft für die nachhaltige Verwendung von Pestiziden.

VASEL, E. H., E. LADEWIG, B. FREIER, B. MÄRLÄNDER, 2011: Ansätze zur Ermittlung des notwendigen Maßes im Pflanzenschutz in Zuckerrüben. Sugar Industry 136, 611-620.

VASEL, E. H., E. LADEWIG, B. MÄRLÄNDER, 2012: Weed composition and herbicide use strategies in sugar beet cultivation in Germany. Journal für Kulturpflanzen, 64 (4), 112-125.

VASEL, E. H., E. LADEWIG, B. MÄRLÄNDER, 2013: Auftreten von Blattkrankheiten und Schadinsekten sowie Fungizid- und Insektizidstrategien im Zuckerrübenanbau in Deutschland. Journal für Kulturpflanzen, 65 (2). S. 37-49.

Verordnung (EG) Nr. 396/2005: des Europäischen Parlaments und des Rates vom 23. Februar 2005 über Höchstgehalte an Pestizidrückständen in oder auf Lebensmitteln pflanzlichen und tierischen Ursprungs und zur Änderung der Richtlinie 91/414/EWG des Rates.

Verordnung (EG) Nr. 1107/2009: des Europäischen Parlaments und des Rates vom 21. Oktober 2009 über das Inverkehrbringen von Pflanzenschutzmittel und zur Aufhebung der Richtlinien 79/117/EWG und 91/914/EWG des Rates.

II Artikel 1

Ansätze zur Ermittlung des notwendigen Maßes im Pflanzenschutz in Zuckerrüben

Approaches for determining the necessary minimum in plant protection in sugar beet

Eike-Hennig Vasel, Erwin Ladewig, Bernd Freier, Bernward Märländer

Zusammenfassung

Das notwendige Maß bei der Anwendung von Pflanzenschutzmitteln wurde anhand eines statistischen Ansatzes, eines versuchstechnischen Ansatzes und eines praxisbezogenen Ansatzes beschrieben. Der statistische Ansatz ermittelt das notwendige Maß anhand des Korridors des mittleren Behandlungsindexes einer Stichprobe und erfordert für eine ausreichend hohe Belastbarkeit Qualitätsparameter wie Stichprobengröße, Häufigkeitsverteilung und Varianz der Daten. Diese Parameter konnten durch eine Auswertung der Behandlungsintensitäten der NEPTUN-Erhebung Zuckerrüben differenziert nach Wirkstoffbereichen ausreichend präzise ermittelt werden. Der versuchstechnische Ansatz zeigte eine eher eingeschränkte Eignung zur Bestimmung des notwendigen Maßes, da große standort- und jahresspezifische Differenzen bezüglich des notwendigen Maßes auftraten. Die Expertenbeurteilung von Pflanzenschutzmaßnahmen des Vergleichsbetriebsnetzes im praxisbezogenen Ansatz ermittelt das notwendige Maß anhand der 4 Parameter Behandlungsnotwendigkeit, Dosierung, Terminierung und Mittelwahl am präzisesten, benötigt dafür jedoch den vergleichsweise größten Arbeitsaufwand.

Stichwörter: Pflanzenschutzintensität, Korridor des Behandlungsindexes, statistischer Ansatz, versuchstechnischer Ansatz, praxisbezogener Ansatz

Summary

The necessary minimum in plant protection was determined by a statistical approach, an experimental approach, and experts' evaluations on practical basis. The statistical approach, which is defining the necessary minimum via the corridor of the treatment index, requires quality parameters such as sample size, frequency distribution and variance of data to ensure an adequate reliability of the results. These parameters were identified appropriately by analysing the treatment intensities with data from the NEPTUN-survey differentiated by groups of active ingredients. The experimental approach was only applicable to a limited extent, since the differences with regard to the necessary minimum were considerable, depending on site and year. The experts' practical evaluations of plant protection in the network of reference farms measured the necessary minimum most precisely by using the 4 parameters treatment-necessity, dosage, timing and choice of pesticide. This approach, however, requires the highest work input.

Key words: pesticide use intensity, corridor of treatment index, statistical approach, experimental approach, practical approach

1 Einleitung

Seitens der Gesellschaft besteht die Forderung nach qualitativ hochwertigen und nachhaltig produzierten Nahrungsmitteln. Der Pflanzenschutzmitteleinsatz hat aus Gründen der Risikominimierung für Mensch, Tier und Naturhaushalt und der damit verbundenen Begrenzung auf das notwendige Maß eine besondere Bedeutung. Aufbauend auf dem Pflanzenschutzmittelgesetz (PflSchG) (ANONYMUS, 1986), dem Reduktionsprogramm chemischer Pflanzenschutz (ANONYMUS, 2004) und dem Nationalen Aktionsplan zur nachhaltigen Anwendung von Pflanzenschutzmitteln (NAP) (ANONYMUS, 2008) wurde das notwendige Maß beschrieben und Maßnahmen erarbeitet, dieses Ziel zu erreichen. Der Begriff "notwendiges Maß" im chemischen Pflanzenschutz wurde erstmals im PflSchG vom 15. September 1986 beschrieben.

Weitere Begriffsbestimmungen erfolgten durch BURTH et al. (2002a) und durch die EU-Richtlinie 2009/128/EG über einen Aktionsrahmen der Gemeinschaft für die nachhaltige Verwendung von Pestiziden (ANONYMUS, 2009a). Das notwendige Maß bei der Anwendung von Pflanzenschutzmitteln wird beschrieben als die "Intensität der Anwendung von Pflanzenschutzmitteln, die notwendig ist, um die Wirtschaftlichkeit zu sichern, weil keine anderen praktikablen Abwehr- und Bekämpfungsmaßnahmen zur Verfügung stehen, und die gleichzeitig der Vorsorge im Verbraucher- und Umweltschutz Rechnung trägt" (ANONYMUS, 2010a). Somit stellt das notwendige Maß keine statische Größe dar. In Abhängigkeit vom Schaderregerauftreten und anderen Einflussfaktoren kann das notwendige Maß innerhalb einer Kultur, zwischen den Jahren, Regionen und den einzelnen Schlägen deutlich variieren.

Aus dem NAP und der EU-Richtlinie 2009/128/EG ergibt sich die Notwendigkeit, das notwendige Maß zu quantifizieren. Der NAP stellt dafür drei Möglichkeiten vor:

(1) Einen statistischen Ansatz, der sich auf die Nutzung der Daten der NEPTUN-Erhebung (ROSSBERG et al., 2002) bezieht und anhand des mittleren Behandlungsindexes (BI) und der Standardabweichung einer Region einen Korridor des BI (FREIER et al., 2010) ermittelt, der das notwendige Maß beschreibt.

(2) Die Nutzung von Langzeitversuchen mit unterschiedlichen Pflanzenschutzstrategien, insbesondere mit differenzierter Intensität der Anwendung von Pflanzenschutzmitteln.

(3) Die Expertenbeurteilung von Pflanzenschutzmaßnahmen eines Schlages im Hinblick auf die Einhaltung des notwendigen Maßes unter Berücksichtigung sämtlicher dafür relevanter Informationen zum unmittelbaren Applikationszeitpunkt, wie es im Vergleichsbetriebsnetz des Julius Kühn-Instituts praktiziert wird (FREIER et al., 2010).

Die dafür notwendigen Voraussetzungen, vor allem die Frage, welche Skalenebene und Qualität der Daten benötigt werden, um verlässliche Aussagen zu generieren, müssen kritisch hinterfragt und überprüft werden, da die Intensität des praktischen Pflanzenschutzmitteleinsatzes in Deutschland starken regionalen Schwankungen (ROSSBERG et al., 2010) unterliegt. Dies kann zu einer Fehleinschätzung des notwendigen Maßes auf regionaler Ebene führen.

Ziel dieser Untersuchungen ist ein Vergleich der drei genannten Ansätze und eine Überprüfung ihrer Eignung zur belastbaren Beschreibung des notwendigen Maßes im Pflanzenschutz auf verschiedenen Skalenebenen unter Berücksichtigung der Stichprobengüte. Dazu wurden Daten der NEPTUN-Erhebungen Zuckerrüben 2005, 2007 und 2009, mehrjährige Feldversuchsdaten von Versuchsserien zum Herbizideinsatz in Zuckerrüben und Daten des Vergleichsbetriebsnetzes Pflanzenschutz genutzt.

2 Material und Methoden

2.1 Datengrundlage

Für die Ansätze zur Ermittlung des notwendigen Maßes bei der Anwendung von Pflanzenschutzmitteln in Zuckerrüben wurden Daten zum Pflanzenschutzmitteleinsatz und der Behandlungsintensität von Pflanzenschutzmaßnahmen verwendet. Die NEPTUN-Erhebungen Zuckerrüben (Netzwerk zur Ermittlung der Pflanzenschutzmittelanwendung in unterschiedlichen, landwirtschaftlich relevanten Naturräumen Deutschlands) von 2005, 2007 und 2009 mit Daten aus jeweils etwa 1000 Schlägen (ROSSBERG, 2006; ROSSBERG et al., 2008; ROSSBERG et al., 2010) wurde für die Berechnungen des statistischen Ansatzes genutzt.

Der Ansatz, zur Ermittlung des notwendigen Maßes im Pflanzenschutz die Daten aus Feldversuchen zu nutzen, wurde mit den Daten der Versuchsserien des Koordinierungsausschusses (KA) "Herbizidreduktion Zuckerrüben" 2003-2006 (BRUNS et al., 2008) und "Ringversuch Herbizide" 2008-2010 (ANONYMUS, 2010b) überprüft. Es konnten über 7 Jahre und insgesamt 23 Standorte 458 Herbizidstrategien hinsichtlich des Gesamtwirkungsgrads (GWG) der Unkrautregulierung in Abhängigkeit von der Behandlungsintensität ausgewertet werden.

Im praxisbezogenen Ansatz wurde anhand von Daten des Vergleichsbetriebsnetzes Pflanzenschutz des Julius Kühn-Instituts aus dem Jahr 2008 über Expertenbeurteilungen eine Bewertung des Pflanzenschutzmitteleinsatzes auf 141 Schlägen mit Winterrapsanbau durchgeführt (FREIER et al., 2009).

2.2 Pflanzenschutzmittelintensität

Zur Bestimmung der Pflanzenschutzmittelintensität wurde der Indikator Behandlungsindex (BI) genutzt (ROSSBERG et al., 2010), der für die Wirkstoffbereiche Herbizide, Fungizide und Insektizide getrennt berechnet wurde und jeweils die Summe des BI aller Pflanzenschutzmittelapplikationen je Schlag darstellt (1).

$$BI_{\text{Schlag}} = \sum \left(\frac{\text{eingesetzte Aufwandmenge}}{\text{zugelassene Aufwandmenge}} * \frac{\text{behandelte Fläche}}{\text{gesamte Fläche}} \right) \quad \mathbf{(1)}$$

Die Berechnung des mittleren BI für ein Jahr oder eine Region erfolgte abweichend von der NEPTUN-Erhebung nur durch Maßnahmen mit einem BI > 0, was teilweise zu höheren BI führte, jedoch die im Folgenden erläuterte Überprüfung hinsichtlich der Datengüte erst ermöglichte.

2.3 Bestimmung des notwendigen Maßes

2.3.1 Statistischer Ansatz

Zur Bestimmung des notwendigen Maßes ergibt sich ein mathematisch-statistischer Ansatz aus der Varianz des BI in den vom Vergleichsbetriebsnetz oder der NEPTUN-Erhebung erfassten Kulturen, Regionen und Jahren (ANONYMUS, 2008). Das notwendige Maß wird dabei als Korridor der Behandlungsintensität betrachtet (2), der als Bereich der Standardabweichung SD um den mittleren BI (MW_{BI}) von Pflanzenschutzmaßnahmen einer regionalen Einheit oder Erhebungsregion im Ackerbau (ERA) definiert ist (ANONYMUS, 2008).

$$BI_{Korridor} = (MW_{BI} + SD) - (MW_{BI} - SD) \qquad \textbf{(2)}$$

Der BI wird als Häufigkeitsverteilung der behandelten Schläge mit einer Klassenbreite von 0,25 dargestellt und die Gaußsche Normalverteilung (3) als Regressionen angepasst.

$$y = a * exp\left[-0{,}5 * \left(\frac{x-x_0}{b}\right)^2\right] \qquad \textbf{(3)}$$

a Maximalwert der Funktion (Scheitelpunkt der Normalverteilung)

b Standardabweichung der Funktion

x_0 Erwartungswert der Funktion

Der Parameter n/a wurde für die Anpassung der Funktion (3) sämtlicher ERA ermittelt und in Bezug zu b gesetzt, um als von der Stichprobengröße unabhängiger Parameter der Normalverteilungs- und Varianzbeschreibung zu dienen. Eine Korrelationsberechnung wurde für die Parameter a, b, x_0, n (Stichprobengröße), n/a und r^2 (Bestimmtheitsmaß) durchgeführt. Die BI der Wirkstoffbereiche Herbizide, Fungizide und Insektizide wurden jeweils für die Jahre 2005, 2007 und 2009 dargestellt. Für den Wirkstoffbereich der Herbizide, Fungizide und Insektizide erfolgte eine beispielhafte Darstellung für 3 ERA des Jahres 2009, für Herbizide zusätzlich für 3 Boden-Klima-Regionen (BKR) im Jahr 2005 und 3 ERA im Jahr 2007. Die ERA und BKR wurden so gewählt, dass sie möglichst große Unterschiede im BI aufwiesen.

2.3.2 Versuchstechnischer Ansatz

Ein weiterer Ansatz zur Bestimmung des notwendigen Maßes im Pflanzenschutz ist die Nutzung von Langzeitversuchen (ANONYMUS, 2008). Ein Teilaspekt dieser Langzeitversuche ist die mehrjährige Betrachtung der Behandlungsindizes für typische Anbaustandorte. Die Behandlungsindices wurden aus Herbizidversuchen zu den Reduktionsmöglichkeiten im Pflanzenschutz und dem Wirkungsgrad verschiedener Herbizidstrategien auf die Verunkrautung abgeleitet. Die Herbizidmaßnahmen der Versuche waren in fixe Varianten mit vorgegebenen Herbiziden, Aufwandmengen oder Behandlungshäufigkeiten (Fix), und eine flexible Beratervariante (Berater) unterteilt. Die Beratervariante war jeweils standortspezifisch ausgerichtet und wurde dem notwendigen Maß entsprechend zugeordnet. Der Gesamtwirkungsgrad der Maßnahmen wurde zwischen der 3. Nachauflaufbehandlung und dem Bestandesschluss bonitiert und als prozentualer Wert der Unkrautreduktion bezogen auf eine unbehandelte Kontrolle angegeben (BRUNS et al., 2008). Es konnte daher retrospektiv anhand der Verunkrautung und des BI auf das in diesen Versuchen notwendige Maß geschlossen werden. Nach einer Varianzanalyse (Proc GLM) der Faktoren Jahr (7 Einzeljahre), Ort (23 Standorte) und Variante (Fix und Berater) erfolgte ein Mittelwertvergleich nach Ryan-Einot-Gabriel-Welsch (REGWQ) bei $p \leq 0{,}05$ (SAS Version 9.2, SAS Institute Inc., Cary, NC, USA).

2.3.3 Praxisbezogener Ansatz

Im praxisbezogenen Ansatz wurde von Experten anhand der Daten des Vergleichsbetriebsnetzes zur Bewertung der Pflanzenschutzintensität die Notwendigkeit jeder einzelnen Pflanzenschutzmaßnahme zum unmittelbaren Entscheidungszeitpunkt bewertet. Dies erfolgte unter Berücksichtigung sämtlicher relevanter Anbauinformationen am Beispiel von Winterraps, da im Vergleichsbetriebsnetz jährlich nur eine geringe Anzahl von Zuckerrübenschlägen berücksichtigt werden konnte und somit eine statistische Auswertung über den Mittelwert hinaus nicht möglich war. Eine Pflanzenschutzmaßnahme wurde dabei durch vier Parameter als notwendiges Maß definiert: Die Maßnahme war 1.) notwendig [Behandlungsnotwendigkeit], 2.) korrekt dosiert [Dosierung], 3.) korrekt terminiert [Terminierung] und 4.) unterlag einer richtigen Mittelwahl [Mittelwahl]. Bereits wenn eine der Bedingungen nicht zutraf, wurde die Behandlung als "kritisch" eingestuft. Fehlende oder ausgelassene Maßnahmen wurden ebenfalls als kritisch eingestuft. Die Schläge wurden in 5 BI-Gruppen unterteilt ($0 < BI \leq 1$; $1 < BI \leq 2$; $2 < BI \leq 3$; $3 < BI \leq 4$; $4 < BI \leq 5$) und der Anteil Maßnahmen mit kritischen Kommentaren mit denen, die dem notwendigen Maß entsprachen, verglichen.

3 Ergebnisse

3.1 Statistischer Ansatz

Die Ergebnisse des statistischen Ansatzes zeigten, dass Herbizidmaßnahmen auf allen Schlägen der NEPTUN-Erhebung 2005, 2007 und 2009 erfolgten. Der BI war in allen Jahren normalverteilt mit Mittelwerten von 2,11 bis 2,42 und einem Bestimmtheitsmaß ≥ 0,93 (Abb. 1). Die Korridore des BI reichten von 1,48 bis 1,73. Der Maximalwert a der Funktion lag zwischen 124,11 und 164,48 Schlägen, die Standardabweichung b der Funktion zwischen 0,74 und 0,81. Die untersuchten Parameter zeigten keine Tendenz über die Jahre. Die BI der Boden-Klima-Regionen (BKR) 10, 13 und 16 im Jahr 2005 waren normalverteilt, der Mittelwert und das Bestimmtheitsmaß variierten zwischen 1,68 und 2,33 bzw. 0,68 und 0,86 (Tab. 1).

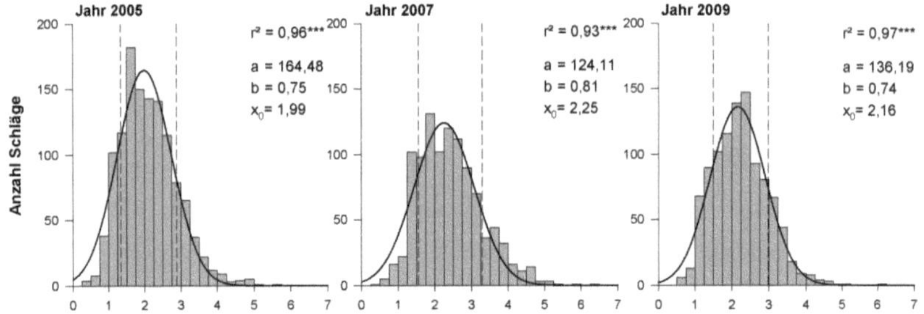

Jahr	2005	2007	2009
Mittlerer *BI*	2,11	2,42	2,24
SD des *BI*	±0,77	±0,87	±0,74
Korridor des *BI*	1,55	1,73	1,48
		Schläge	
Total (*n*)	1238	1031	1011
Behandelt (*n*)	1238	1031	1011

Abb. 1: Verteilung der Behandlungsindizes (*BI*) von Herbizidmaßnahmen in Zuckerrübenschlägen. *SD*: Standardabweichung der Stichprobe, *a*: Scheitelpunkt der Normalverteilung, *b*: Standardabweichung der Normalverteilung, x_0: Erwartungswert. NEPTUN-Erhebung Zuckerrüben 2005, 2007 und 2009, Deutschland

Die Korridore des BI variierten zwischen 1,14 und 1,50. Parameter a reichte von 9,44 bis 14,64, b von 0,52 bis 0,80. Die BI der ERA 1001, 1009 und 1016 im Jahr 2007 waren normalverteilt, der Mittelwert lag zwischen 2,34 und 3,20 und das Bestimmtheitsmaß zwischen 0,72 und 0,92. Die Korridore des BI variierten zwischen 0,91 und 1,67. Parameter a reichte von 8,22 bis 16,21, b von 0,47 bis 0,70. Im Jahr 2009 waren die BI der ERA 1001, 1009 und 1016 normalverteilt, der Mittelwert und das Bestimmtheitsmaß variierten jedoch stärker zwischen 1,55 und 2,63 bzw. 0,52 und 0,87. Die Korridore des BI variierten nur marginal zwischen 1,11 und 1,18. Parameter a reichte von 5,27 bis 18,07, b von 0,51 bis 0,58 (Tab. 1).

Tab. 1: Behandlungsindizes (BI) von Herbizidmaßnahmen in Zuckerrübenschlägen und Parameter der *Gauß*-Anpassung an die Häufigkeitsverteilung des BI für Boden-Klima-Regionen (BKR) und Erhebungsregionen Ackerbau (ERA). *SD*: Standardabweichung der Stichprobe, *a*: Scheitelpunkt der Normalverteilung, *b*: Standardabweichung der Normalverteilung, x_0: Erwartungswert. NEPTUN-Erhebung Zuckerrüben 2005, 2007 und 2009, Deutschland

	BKR NEPTUN 2005			ERA NEPTUN 2007			ERA NEPTUN 2009		
	10	13	16	1001	1009	1016	1001	1009	1016
Mittlerer *BI*	2,33	2,30	1,68	2,77	3,20	2,34	2,55	2,63	1,55
SD* des *BI	±0,64	±0,75	±0,57	±0,46	±0,84	±0,62	±0,58	±0,59	±0,55
Korridor des *BI*	1,28	1,50	1,14	0,91	1,67	1,23	1,16	1,18	1,11
Anzahl Schläge (*n*)	56	114	54	41	123	71	30	105	56
	Parameter der *Gauß*-Anpassung								
Bestimmtheitsmaß (r^2)	0,83***	0,86***	0,68***	0,90***	0,72***	0,92***	0,86***	0,87***	0,52***
Scheitelpunkt (*a*)	9,44	14,64	9,93	8,22	16,21	14,02	5,27	18,07	10,67
Standardabweichung (*b*)	±0,54	±0,80	±0,52	±0,51	±0,70	±0,47	±0,57	±0,58	±0,51
Erwartungswert (x_0)	2,38	2,25	1,50	2,80	2,92	2,31	2,52	2,54	1,34

Von 2005 bis 2009 erfolgte eine Zunahme der mit Fungiziden behandelten Schläge von 51 % auf 73 % (Abb. 2). Der BI war in allen Jahren normalverteilt mit Mittelwerten von 1,07 bis 1,52. In den Jahren 2005 und 2009 betrug das Bestimmtheitsmaß ≥ 0,95, 2007 jedoch nur 0,58. Die Korridore des BI reichten von 0,50 bis 1,24. Parameter a variierte von 313,40 bis 504,32, b marginal von 0,10 bis 0,11. Fungizidmaßnahmen auf regionaler Ebene erfolgten 2009 auf 23 % bis 100 % der Schläge, der Mittelwert des BI variierte zwischen 1,00 und 2,19 (Abb. 3). Die BI in ERA 1007 waren normalverteilt mit einem Bestimmtheitsmaß von 0,99 und Parameter a von 140,85 und b von 0,06. Für ERA 1011 und 1017 lag keine Normalverteilung vor. Die Korridore des BI reichten von 0,37 bis 1,25.

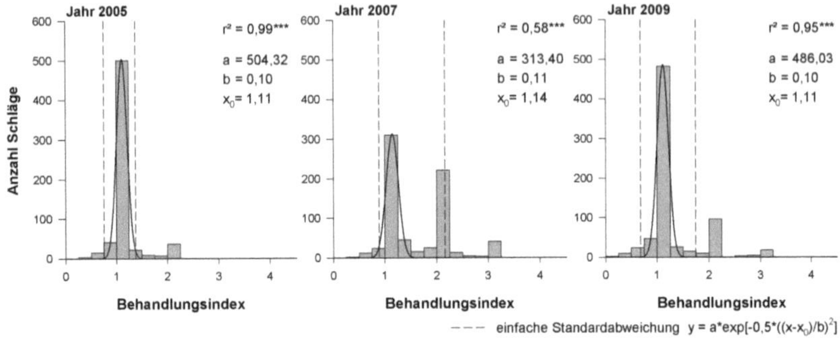

Jahr	2005	2007	2009
Mittlerer *BI*	1,07	1,52	1,21
SD des *BI*	±0,28	±0,62	±0,52
Korridor des *BI*	0,50	1,24	1,03
		Schläge	
Total (*n*)	1238	1031	1011
Behandelt (*n*)	635	719	740

Abb. 2: Verteilung der Behandlungsindizes (BI) von Fungizidmaßnahmen in Zuckerrübenschlägen. *SD*: Standardabweichung der Stichprobe, *a*: Scheitelpunkt der Normalverteilung, *b*: Standardabweichung der Normalverteilung, x_0: Erwartungswert. NEPTUN-Erhebung Zuckerrüben 2005, 2007 und 2009, Deutschland

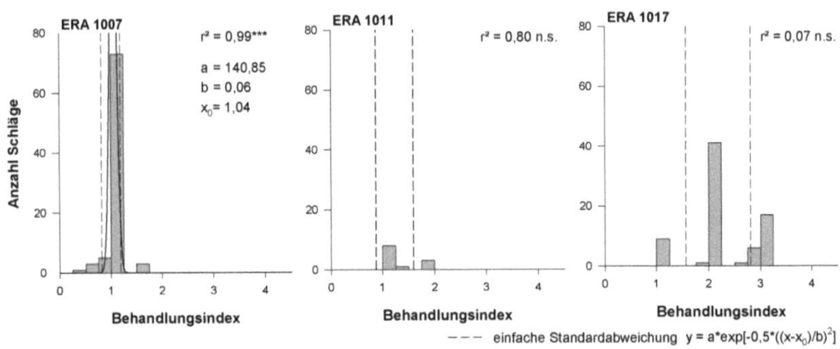

Jahr 2009

ERA	1007	1011	1017
Mittlerer *BI*	1,00	1,23	2,19
SD des *BI*	±0,18	±0,36	±0,62
Korridor des *BI*	0,37	0,72	1,25
		Schläge	
Total (*n*)	89	30	75
Behandelt (*n*)	80	26	75

Abb. 3: Verteilung der Behandlungsindizes (BI) von Fungizidmaßnahmen in Zuckerrübenschlägen für Erhebungsregionen Ackerbau (ERA). *SD*: Standardabweichung der Stichprobe, *a*: Scheitelpunkt der Normalverteilung, *b*: Standardabweichung der Normalverteilung, x_0: Erwartungswert. NEPTUN-Erhebung Zuckerrüben 2009, Deutschland

Der Anteil mit Insektiziden behandelter Schläge nahm über die Jahre leicht von 8 % auf 12 % zu, der BI war jedoch in allen Jahren normalverteilt mit Mittelwerten von 1,14 bis 1,22 (Abb. 4). Das Bestimmtheitsmaß betrug ≥ 0,91, die Korridore des BI reichten von 0,78 bis 1,07. Parameter a schwankte von 65,11 bis 104,80, b marginal von 0,06 bis 0,10. 2009 erfolgten Insektizidmaßnahmen auf 43 % und 10 % der Schläge in ERA 1001 bzw. 1009, in ERA 1017 erfolgten keine Insektizidmaßnahmen (Abb. 5). Der BI war nur in ERA 1001 normalverteilt mit einem Mittelwert von 1,31 und einem Bestimmtheitsmaß von 0,79. Der Mittelwert in ERA 1009 war 1,00, zeigte jedoch keine Varianz. Der Korridor des BI für ERA 1001 war 0,96 und für ERA 1009 0,00.

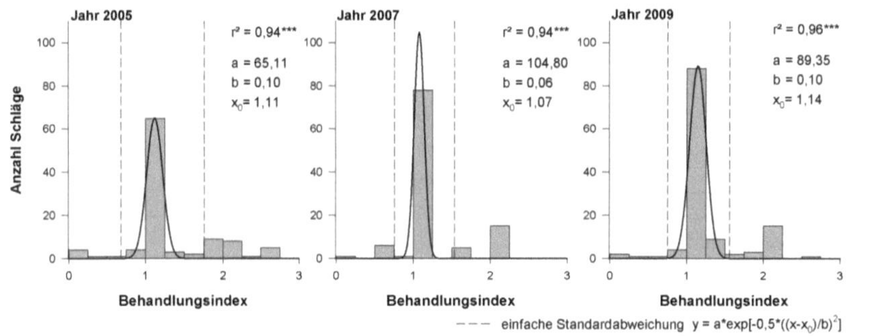

Jahr	2005	2007	2009
Mittlerer *BI*	1,22	1,14	1,15
SD* des *BI	±0,53	±0,39	±0,40
Korridor des *BI*	1,07	0,78	0,81
	Schläge		
Total (*n*)	1238	1031	1011
Behandelt (*n*)	103	106	126

Abb. 4: Verteilung der Behandlungsindizes (BI) von Insektizidmaßnahmen in Zuckerrübenschlägen. *SD*: Standardabweichung der Stichprobe, *a*: Scheitelpunkt der Normalverteilung, *b*: Standardabweichung der Normalverteilung, x_0: Erwartungswert. NEPTUN-Erhebung Zuckerrüben 2005, 2007 und 2009, Deutschland

Den höchsten Korrelationskoeffizienten hatte die Beziehung Standardabweichung der Normalverteilung b zu Stichprobengröße / Maximalwert der Funktion (n/a) mit 0,988 gefolgt vom Erwartungswert x_0 zu n/a mit 0,852 und b zu x_0 mit 0,828 (Tab. 2). Die Parameter n, a und das Bestimmtheitsmaß (r^2) korrelierten nur schwach mit den übrigen Parametern. Das Verhältnis von b zu n/a zeigte ein hohes Bestimmtheitsmaß von 0,97 und lässt sich für Fungizid- und Insektizidmaßnahmen in einen Bereich von b < 0,2 und n/a < 3 und für Herbizidmaßnahmen b > 0,2 und n/a > 3 einteilen (Abb. 6).

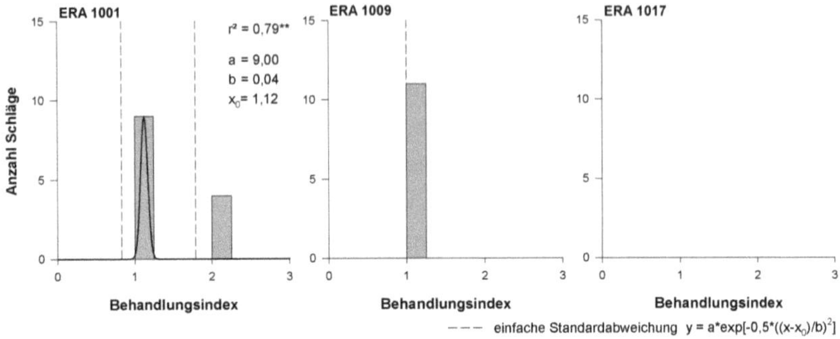

Jahr 2009

ERA	1001	1009	1017
Mittlerer *BI*	1,31	1,00	0,00
SD des *BI*	±0,48	±0,00	-
Korridor des *BI*	0,96	0,00	-
		Schläge	
Total (*n*)	30	105	75
Behandelt (*n*)	13	11	0

Abb. 5: Verteilung der Behandlungsindizes (BI) von Insektizidmaßnahmen in Zuckerrübenschlägen für Erhebungsregionen Ackerbau (ERA). *SD*: Standardabweichung der Stichprobe, *a*: Scheitelpunkt der Normalverteilung, *b*: Standardabweichung der Normalverteilung, x_0: Erwartungswert. NEPTUN-Erhebung Zuckerrüben 2009, Deutschland

Tab. 2: Korrelationskoeffizienten für die Parameter der Normalverteilung und der Stichprobengröße des Behandlungsindexes für die Erhebungsregionen. *n*: Stichprobengröße, *a*: Maximalwert der Funktion, *b*: Standardabweichung der Funktion, x_0: Erwartungswert, r^2: Bestimmtheitsmaß der Funktion. NEPTUN-Erhebung Zuckerrüben 2007 und 2009, Deutschland

	a	*b*	x_o	*n/a*	r^2
n	0,338	0,526	0,524	0,535	-0,282
a		-0,424	-0,401	-0,463	0,177
b			0,828	0,988	-0,472
x_o				0,852	-0,255
n/a					-0,497

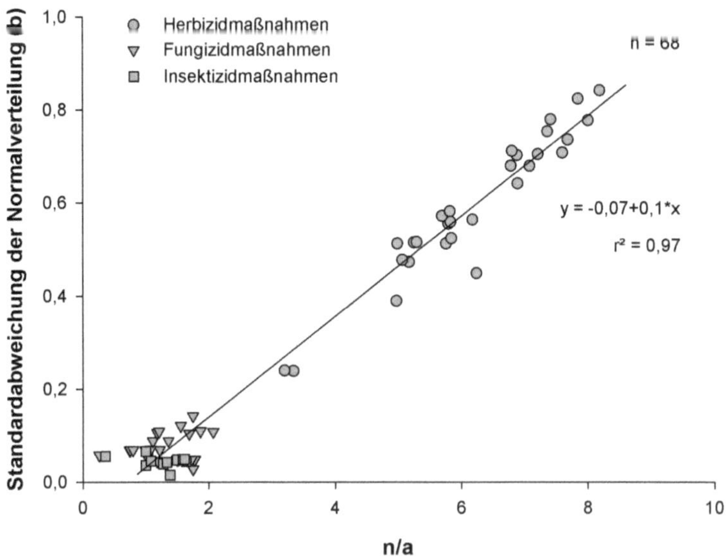

Abb. 6: Standardabweichung der Normalverteilung (*b*) in Abhängigkeit von *n/a* für Pflanzenschutzmaßnahmen der Schläge der Erhebungsregionen unterteilt in die Wirkstoffbereiche Herbizide, Fungizide und Insektizide. *a*: Maximalwert der Normalverteilung, *n*: Stichprobengröße der Erhebungsregion. NEPTUN-Erhebung Zuckerrüben 2007 und 2009, Deutschland

3.2 Versuchstechnischer Ansatz

Mit steigendem BI nahm der Gesamtwirkungsgrad (GWG) der Unkrautregulierung im versuchstechnischen Ansatz zu, bei gleichzeitiger Abnahme der Streuung des GWG (Abb. 7). Der mittlere BI der Varianten Fix und Berater der Jahre 2003-2006 betrug 1,34 bzw. 1,32 mit einem GWG von 86,7 % und 96,2 %. Der mittlere BI für diese Varianten in den Jahren 2008-2010 betrug 1,93 bzw. 1,88 mit einem GWG von 97,1 % und 97,7 %. Das Jahr und der Ort hatten einen signifikanten Einfluss auf den BI und den GWG, die Variante hingegen nur auf den GWG. Der GWG zeigte bei den Interaktionen bis auf die Kombination Ort*Variante ein höheres Signifikanzniveau als der BI auf.

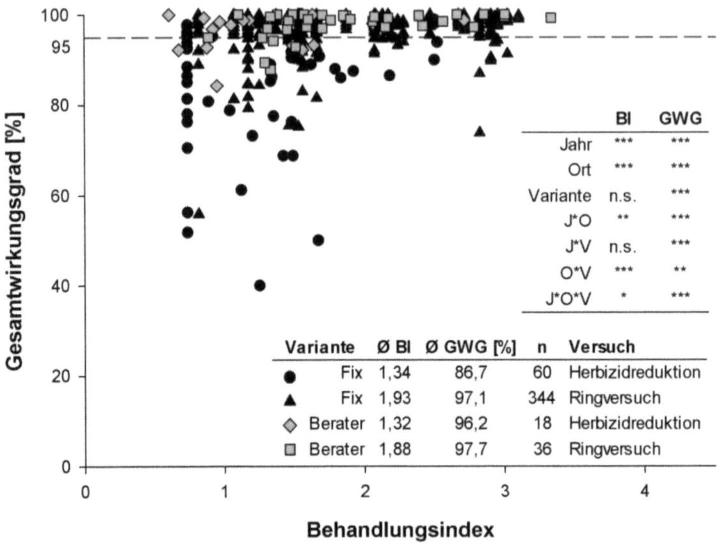

Abb. 7: Beziehung zwischen dem Gesamtwirkungsgrad (GWG) und dem Behandlungsindex (BI) für vorgegebene (Fix) und standortangepasste (Berater) Varianten für Herbizidmaßnahmen in Zuckerrüben, Deutschland 2003-2006 (KA-Versuchsserie Herbizidreduktion) und 2008-2010 (KA-Ringversuch Herbizide). REGWQ-Test, $p \leq 0{,}05$

3.3 Praxisbezogener Ansatz

Im praxisbezogenen Ansatz am Beispiel der Insektizidanwendungen in Winterraps wurden 345 Insektizidmaßnahmen auf 141 Schlägen durchgeführt (Abb. 8). 238 Maßnahmen wurden als notwendiges Maß eingestuft, 107 Maßnahmen wurden kritisch, in der Regel als unnötig, beurteilt. Der Anteil der kritischen Kommentare im Hinblick auf die Einhaltung des notwendigen Maßes nahm von 14 % der beiden Gruppen mit dem niedrigsten BI bis auf 60 % zur Gruppe mit dem höchsten BI kontinuierlich zu.

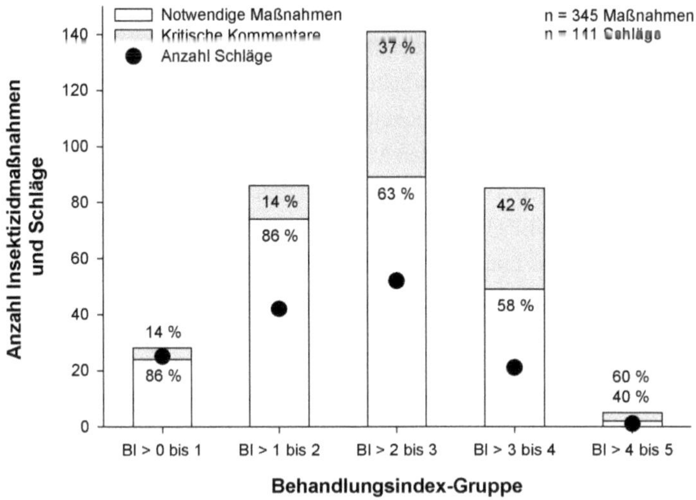

Abb. 8: Anzahl der Schläge in den Gruppen des Behandlungsindexes (BI) für Insektizidmaßnahmen im Winterraps und der Anteil kritischer Kommentare im Hinblick auf das notwendige Maß. Vergleichsbetriebe Pflanzenschutz 2008, Deutschland

4 Diskussion

Bestrebungen zur Reduktion des Pflanzenschutzmitteleinsatzes (ANONYMUS, 2004) bzw. zur Reduzierung deren potentieller Risiken für die Gesundheit von Mensch, Tier und den Naturhaushalt führten zur Erarbeitung des Nationalen Aktionsplans zur nachhaltigen Anwendung von Pflanzenschutzmitteln (NAP). Dieser beschreibt Möglichkeiten, den Pflanzenschutz am notwendigen Maß zu orientieren (ANONYMUS, 2008). Die Ermittlung des notwendigen Maßes wurde anhand eines statistischen Ansatzes durch erstmalige Nutzung der NEPTUN-Erhebung Zuckerrüben, eines versuchstechnischen Ansatzes in Anlehnung an Langzeitversuche und durch Expertenbeurteilungen in einem praxisbezogenen Ansatz untersucht. Die Überprüfung der Eignung dieser Ansätze zur belastbaren Beschreibung des notwendigen Maßes auf verschiedenen Skalenebenen erfolgte unter Berücksichtigung der Stichprobengüte.

4.1 Statistischer Ansatz

Der statistische Ansatz ermittelt das notwendige Maß anhand der Standardabweichung um den mittleren Behandlungsindex BI einer Erhebungsregion; diese wird als Korridor des Behandlungsindexes bezeichnet. Dieser wird erstmals bei BURTH et al. (2002b) vorgestellt und im Jahresbericht des Vergleichsbetriebsnetzes Pflanzenschutz 2009 auf regionaler Ebene für Winterweizen, Wintergerste und Winterraps anhand von etwa 200 Schlägen berechnet (FREIER et al., 2010). Die hier erstmalig durchgeführte Berechnung für Zuckerrüben bezieht sich auf eine Stichprobe von etwa 1000 Schlägen der einzelnen NEPTUN-Erhebungen. Dies kommt der Forderung des NAP nach statistisch repräsentativeren Mittelwerten des BI auf regionaler Ebene entgegen (ANONYMUS, 2008). Der Korridor des BI wird als einfaches Mittel zur retrospektiven, kritischen Analyse des Pflanzenschutzes oder als Orientierungshilfe für zukünftige Maßnahmen beschrieben, unter der Voraussetzung einer ausreichend großen Stichprobe (FREIER et al., 2010). Es werden jedoch weder Unter- noch Obergrenzen der Stichprobengröße benannt (ANONYMUS, 2008) und keine weiteren Vorgaben an die Güte der Stichprobe gestellt. Diese sollte jedoch Mindestanforderungen entsprechen, um repräsentative und fachlich belastbare Aussagen zum regional variierenden notwendigen Maß treffen zu können. Unter Güte ist dabei neben der Stichprobengröße die Häufigkeitsverteilung, die Verteilungsform (Normalverteilung) und die auftretende Varianz der Daten der Wirkstoffbereiche zu verstehen.

Die BI der Herbizidmaßnahmen in den Jahren 2005, 2007 und 2009 (Abb. 1) wiesen aufgrund von höherer Varianz breitere Korridore des BI im Vergleich zu den ERA der Einzeljahre auf (Tab. 1). Die Maßnahmen der ausgewählten ERA zeigten mit Korridoren des BI von 0,91 bis 1,67 deutliche Unterschiede im notwendigen Maß (Tab. 1). Neben der Breite des Korridors variierte vor allem der mittlere BI zwischen 1,55 und 3,20. Dies verdeutlicht den hohen Einfluss der Region auf die Höhe des BI, wie es ebenfalls für Getreide bei GÜNTHER und PALLUT (2008) beobachtet wurde. Die Standardabweichung der Normalverteilung der Herbizidmaßnahmen lag zwischen 0,47 und 0,80 (Tab. 1), bedingt durch eine unterschiedlich hohe Varianz des BI, die sich durch standortabhängige Unkrautvorkommen und Auflaufdynamik (HACK, 1981) sowie vor allem durch unterschiedliche Bekämpfungsstrategien und den Jahreseinfluss (KOBUSCH, 2003) erklären lässt.

Die BI der Fungizidmaßnahmen in den Jahren 2005, 2007 und 2009 zeigten im Vergleich zu den Herbizidmaßnahmen ein deutlich abweichendes Muster mit Werten von 1,0 und 2,0 (Abb. 2). Dies wird durch Anwendung der zugelassenen Aufwandmengen, wie im Fungizideinsatz in Zuckerrüben üblich (BRENT und HOLLOMON, 2007), und die Nutzung von Schadschwellensystemen, wie bei LANG (2005) beschrieben, verursacht. Das jahresspezifische Auftreten von Blattkrankheiten, welches für die betrachteten Jahre zwischen 70 % und 95 % der gesamten Rübenfläche betraf (BUHRE et al., 2011), hat dabei den größten Einfluss auf die Anzahl der Fungizidmaßnahmen je Schlag. Die hohen Differenzen des BI zwischen den ERA von 1,00 bis 2,19 (Abb. 3) sind auf die regional sehr unterschiedliche Befallsentwicklung und deren gezielte Kontrolle zurückzuführen. Des Weiteren wird durch die Auswahl von gesünderen, weniger anfälligen Sorten die Befallsstärke von Blattkrankheiten reduziert (KAISER, 2007), was zu einem niedrigeren BI führen kann. Die Standardabweichung des BI ist mit etwa 0,5 vergleichbar hoch wie die der Herbizidmaßnahmen, die Standardabweichung der Normalverteilung liegt jedoch aufgrund der Konzentration des BI auf 1 mit etwa 0,1 deutlich darunter (Abb. 2).

Insektizidmaßnahmen wurden im Vergleich zu Herbizid- und Fungizidmaßnahmen nur auf etwa 10 % der Schläge durchgeführt (Abb. 4), da 99,8 % des Zuckerrübensaatgutes mit Insektiziden in der Pillenhüllmasse ausgestattet sind (BUHRE et al., 2011), was laut BUSCHE (2008) in der Regel einen ausreichenden Schutz gegenüber Schaderregern bis zum 4-Blatt oder 8-Blatt-Stadium gewährleistet. Das System der Saatgutbehandlung wird im Rahmen des integrierten Pflanzenschutzes aufgrund des gezielten systemischen Schutzes der jungen Rübenpflanze gegen Schadinsekten bei gleichzeitiger Schonung von Nützlingen als positiv bewertet (DIERCKS und HEITEFUSS, 1994). Die Konzentration der BI auf Werte von 1,0 und 2,0 (Abb. 4 und 5) wird wie bei den Fungiziden durch die Anwendung der zugelassenen Aufwandmengen hervorgerufen. Schadinsekten treten, ähnlich wie Blattkrankheiten, regional und jahresbedingt, jedoch in deutlich geringerem Umfang auf. Die unterschiedlichen BI der ERA 1001 mit 1,31 im Gegensatz zu ERA 1017 mit 0,00 (Abb. 5) sowie die Anzahl behandelter Schläge verdeutlichen dies (Abb. 4). Dies führt zu Standardabweichungen des BI von etwa 0,5, jedoch zu geringeren Standardabweichungen der Normalverteilung von nur etwa 0,1.

Aufgrund der hohen Abweichungen der untersuchten Daten im mittleren BI von 1,0 (Abb. 3 und 5) bis 3,2 (Tab. 1), der Standardabweichung der Normalverteilung von < 0,1 bis > 0,8 (Abb. 6) sowie der Stichprobengröße von 11 (Abb. 5) bis 123 (Tab. 1) der ERA scheint es daher nötig und möglich, Parameter für Voraussetzungen der Stichprobengüte festzulegen, um belastbare Aussagen hinsichtlich des Korridors des BI zu treffen. Die Stichprobengüte wurde mit Hilfe der Anpassung der Gauß-Normalverteilung an die BI überprüft. Für Herbizide existierte bei einer Kombination aus großer Stichprobe (n > 1000) und ausreichender Standardabweichung ($b \geq 0,74$) eine gute Anpassung der Funktion mit $r^2 \geq 0,93$ (Abb. 1). Bei regionaler Betrachtung der ERA verringerte sich die Stichprobengröße auf n = 30 bis n = 123. Dabei führte die höhere Anzahl Schläge von n = 123 nicht generell zu einem höheren Bestimmtheitsmaß, sondern die Verteilungsform einhergehend mit der Varianz der BI.

Die Anpassung der Funktion für Fungizidmaßnahmen zeigte bei großen Stichproben (n > 600) Bestimmtheitsmaße von 0,58 bis 0,99 mit vergleichsweise niedrigen Standardabweichungen der Funktionen ($b \leq 0,11$) (Abb. 2). Auf regionaler Skalenebene konnte kein einheitlicher Zusammenhang zwischen der Stichprobengröße und dem Bestimmtheitsmaß festgestellt werden, da zum Teil weder kleine (n = 12) noch große (n = 75) Stichproben eine signifikante Anpassung der Normalverteilung erlaubten (Abb. 3). Die Anpassung der Funktion für Insektizide zeigte für große Stichproben (n > 100) ein hohes Bestimmtheitsmaß von ≥ 0,94 bei niedrigen Standardabweichungen von ≤ 0,10 (Abb. 4). Auf niedrigerer Skalenebene konnte aufgrund der kleineren Stichprobe ($n \leq 13$) nur für eine von drei ERA eine Anpassung an die Funktion erfolgen, da entweder keine ausreichende Varianz oder keine Maßnahmen vorlagen (Abb. 5).

Durch Kombination der Parameter Stichprobengröße n und Maximalwert der Funktion a konnten die Pflanzenschutzmaßnahmen der verschiedenen ERA eindeutig in der Güte der Anpassung der Normalverteilung unabhängig von der Stichprobengröße unterteilt werden (Abb. 6). Eine gute Anpassung der Normalverteilung und ausreichende Varianz der BI der ERA wurde durch n/a > 3 und einer Standardabweichung der Normalverteilung b > 0,2 erreicht. Alle Herbizidmaßnahmen der Stichprobe erfüllten diese Kriterien. Werte von n/a < 3 und b < 0,2 zeigten eine ungenügende Anpassung der Normalverteilung oder keine ausreichende Varianz der BI, bedingt durch eine zu kleine oder nicht normalverteilte Stichprobe. Diesen Sachverhalt zeigten die Fungizid- und Insektizidmaßnahmen der Pflanzenschutzmaßnahmen der Stichprobe. Die Korrelation der Standardabweichung der Normalverteilung b zu n/a zeigte einen linearen Zusammenhang mit einem Korrelationskoeffizient von 0,988 (Tab. 2). Dadurch können Pflanzenschutzmaßnahmen in Zuckerrüben mit dem Parameter n/a generell und unabhängig von der Skalenebene hinsichtlich der Belastbarkeit zur Definition des notwendigen Maßes anhand des statistischen Ansatzes beurteilt werden. Dieser neue Ansatz sollte für weitere Kulturen neben der Zuckerrübe überprüft werden.

4.2 Versuchstechnischer Ansatz

Die Regulierung von Blattkrankheiten und Schadinsekten in Zuckerrüben wird mit Hilfe von Schadschwellensystemen durchgeführt, da diese eine wissenschaftlich abgesicherte und wirtschaftlich sinnvolle Abschätzung der Notwendigkeit von Pflanzenschutzmaßnahmen ermöglichen (LANG, 2005) und somit dem notwendigen Maß entsprechen. Im Bereich der Unkrautregulierung stehen praktisch anwendbare Schadschwellensysteme jedoch nicht zur Verfügung (MÄRLÄNDER et al., 2003), daher wird im Folgenden nur dieser Bereich diskutiert. Im Gegensatz zum statistischen Ansatz zur Ermittlung des notwendigen Maßes besteht bei Feldversuchen die Möglichkeit, durch Vergleiche mit unbehandelten Kontrollen Wirkungsgrade der Unkrautregulierung und Behandlungsintensitäten verschiedener Pflanzenschutzmittelstrategien zu berechnen und zu vergleichen. Ein möglichst hoher Gesamtwirkungsgrad (GWG) sichert die Wirtschaftlichkeit des Anbaus und steht somit im direkten Kontext zum notwendigen Maß. Dies geht einher mit Versuchen von BRÄUTIGAM (1998), die belegen, dass die Zuckerrübe auf Verunkrautung empfindlich mit Ertragsdepressionen reagiert. Die Auswertung der KA-Versuchsserie Herbizidreduktion und des Ringversuches Herbizide (Abb. 7) zeigte, dass mit zunehmenden BI der Herbizidvarianten von etwa 0,5 auf 3,5 der GWG der Unkrautregulierung tendenziell zunahm. Niedrige BI im Bereich um 1,0 wiesen ebenfalls GWG über 95 % auf. Der Anteil an Herbizidmaßnahmen mit einem GWG < 95 % nahm bei dieser Intensität im Vergleich zu höheren BI jedoch deutlich zu. Unterschiede konnten hier vor allem zwischen den Beratervarianten und den fixen Varianten gefunden werden. Beratervarianten repräsentieren im Gegensatz zu den fixen Varianten in der Regel das notwendige Maß, da sie standortangepasst und teilweise unter der Vorgabe möglichst geringer Intensität und/oder Kosten durchgeführt wurden. Sie zeigten im Vergleich zu den fixen Varianten bei vergleichbarem BI einen signifikanten, bis zu 10 % höheren GWG. BI von < 1 bis > 3 der Beratervarianten haben darüber hinaus einen signifikanten Einfluss des Jahres und des Ortes auf den GWG der Unkrautregulierung (Abb. 7). Es lässt sich ableiten, dass der versuchstechnische Ansatz das notwendige Maß standortspezifisch anhand des BI der Beratervarianten unter Berücksichtigung der Verunkrautung beschreiben und dabei eine grobe Orientierung für vergleichbare Standorte liefern kann. Dieser ist jedoch auf Grund von sehr unterschiedlich auftretenden Verunkrautungen und den ausgeprägten Orts- und Jahreseffekten auf den BI für eine regionale Ermittlung des notwendigen Maßes anhand des BI nicht geeignet.

4.3 Praxisbezogener Ansatz

Bei der Expertenbeurteilung von Einzelpflanzenschutzmaßnahmen je Schlag hinsichtlich des notwendigen Maßes werden Ergebnisse auf niedrigster Skalenebene, dem einzelnen Schlag, erzielt. Dies geschieht anhand der vier Parameter 1.) Behandlungsnotwendigkeit, 2.) Dosierung, 3.) Terminierung und 4.) Mittelwahl. Am Beispiel der Insektizidbehandlungen im Winterraps des Vergleichsbetriebsnetzes im Jahr 2008 wurde deutlich, dass der relative Anteil von Fehlanwendungen mit zunehmender Behandlungsintensität von 14 % auf 60 % zunimmt, es jedoch auch bei niedrigster Behandlungsintensität BI $\leq$ 1 Maßnahmen gab, die über das notwendige Maß hinausgingen (Abb. 8). Die Daten der Jahre 2007 und 2009 bestätigten dieses Ergebnis (nicht dargestellt). Diese Erkenntnisse zeigen, dass die Behandlungsnotwendigkeit nur anhand der Situation im Feld bestimmt werden kann. Dies wird im statistischen Ansatz nicht berücksichtigt und spricht gegen eine alleinige Nutzung des BI zur Beschreibung des notwendigen Maßes. Die gezielte Beurteilung durch Experten ermöglicht die vermutlich genaueste Beschreibung des notwendigen Maßes im Vergleich zum retrospektiven statistischen und retrospektiven praxisbezogenen Ansatz, da neben der Behandlungsintensität vor allem die Behandlungsnotwendigkeit von Pflanzenschutzmaßnahmen, aber auch die Dosierung und Mittelwahl in Abhängigkeit der gegebenen Bedingungen des Schlages berücksichtigt werden. Aufgrund von Personalabbau und Aufgabenverlagerung in der landwirtschaftlichen Beratung (FREIER und ZORNBACH, 2008) scheint eine flächendeckende Expertenbeurteilung zum notwendigen Maß jedoch nicht leistbar zu sein.

4.4 Schlussfolgerungen

Von den für die Ermittlung des notwendigen Maßes im chemischen Pflanzenschutz untersuchten drei Ansätzen bildet der statistische Ansatz die Pflanzenschutzintensität der Praxis am ehesten ab. Die Stichprobe muss jedoch entsprechende Voraussetzungen der Güte erfüllen, die durch das Verhältnis n/a > 3 gekennzeichnet werden konnten. Dieses Kriterium wird im Bereich der Fungizide und Insektizide in Zuckerrüben nicht erfüllt. Der Korridor des BI berücksichtigt nicht die individuelle Notwendigkeit von

Maßnahmen, die im versuchstechnischen und praxisbezogenen Ansatz auf Schlagebene gefunden wurden. Aufgrund der großen Stichprobe und Verteilung der Betriebe kann er jedoch Entwicklungen in der Pflanzenschutzintensität über Regionen und Jahre am präzisesten erfassen. Dafür könnten zukünftig die Daten aus den jährlichen Erhebungen des Pflanzenschutzmitteleinsatzes in landwirtschaftlichen Kulturen (ANONYMUS, 2009b) genutzt werden. Der versuchstechnische Ansatz berücksichtigt die individuell notwendige Pflanzenschutzintensität eines Standortes anhand der Verunkrautung. Aussagen und Vorgaben zum notwendigen Maß anhand des BI außerhalb der Versuchsstandorte können jedoch aufgrund von starken Orts- und Jahreseffekten der notwendigen Pflanzenschutzintensität sowie einer allgemein schwer zu kalkulierenden Verunkrautung nicht getroffen werden. Ähnlich dem statistischen Ansatz können Feldversuche jedoch Entwicklungen und Jahreseffekte des notwendigen Maßes aufzeigen und als grobe Orientierungshilfe dienen. Die Expertenbeurteilung des praxisbezogenen Ansatzes vereint die Erfassung der Behandlungsintensität mit der Erfassung von orts- und jahresspezifischen Notwendigkeiten des Pflanzenschutzmitteleinsatzes auf Schlagebene. Dies führt im Vergleich zu der präzisesten Bestimmung des notwendigen Maßes auf kleinster Skalenebene. Der hohe Arbeitsinput erschwert eine flächendeckende Anwendung dieses Ansatzes jedoch erheblich. Die Vernetzung von Langzeitdaten zu allen drei Ansätzen wird voraussichtlich dazu beitragen, das notwendige Maß besser zu bestimmen. Dies kann jedoch erst nach Vorliegen von Daten aus längeren Zeiträumen beurteilt werden.

Zusammenfassend ist festzuhalten, dass zur Ermittlung des notwendigen Maßes ein fachlich belastbarer, umfangreicher Datensatz benötigt wird, der den Besonderheiten des Pflanzenschutzmitteleinsatzes in unterschiedlichen Kulturen gerecht wird, insbesondere dann, wenn Abweichungen vom notwendigen Maß quantifiziert werden sollen.

Danksagung

Die Förderung des Vorhabens erfolgt aus Mitteln des Bundesministeriums für Ernährung, Landwirtschaft und Verbraucherschutz (BMELV) über die Bundesanstalt für Landwirtschaft und Ernährung (BLE) im Rahmen des Programms zur Innovationsförderung.

Literatur

ANONYMUS, 1986: Gesetz zum Schutz der Kulturpflanzen (Pflanzenschutzgesetz – PflSchG), Ausfertigungsdatum: 15.09.1986.

ANONYMUS, 2004: Reduktionsprogramm chemischer Pflanzenschutz. Bundesministerium für Verbraucherschutz, Ernährung und Landwirtschaft (BMVEL), Berlin.

ANONYMUS, 2008: Nationaler Aktionsplan zur nachhaltigen Anwendung von Pflanzenschutzmitteln. Bundesministerium für Ernährung, Landwirtschaft und Verbraucherschutz (BMELV), Bonn.

ANONYMUS, 2009a: Richtlinie 2009/128/EG des Europäischen Parlaments und des Rates vom 21. Oktober 2009 über einen Aktionsrahmen der Gemeinschaft für die nachhaltige Verwendung von Pestiziden. Amtsblatt der Europäischen Union.

ANONYMUS, 2009b: Verordnung (EG) Nr. 1185/2009 des Europäischen Parlaments und des Rates vom 25. November 2009 über Statistiken zu Pestiziden. Amtsblatt der Europäischen Union.

ANONYMUS, 2010a: Gute fachliche Praxis im Pflanzenschutz. Bundesministerium für Ernährung, Landwirtschaft und Verbraucherschutz (BMELV), Bonn.

ANONYMUS, 2010b: Koordinierte Versuche Zuckerrüben 2010 in Deutschland. Ergebnisse der regionalen Arbeitsgemeinschaften zusammengestellt vom Institut für Zuckerrübenforschung (IfZ) in Göttingen.

BRÄUTIGAM, H., 1998: Untersuchungen zur Konkurrenz zwischen Unkraut und Zuckerrüben – Auftreten, Ursachen und Konsequenzen für die Unkrautregulierung. Dissertation, Universität Göttingen.

BRENT, K. J, D. W. HOLLOMON, 2007: Fungicide resistance in crop pathogens: How can it be managed? Fungicide Resistance Action Committee, FRAC Monograph No. 1 (second, revised edition).

BRUNS, C., E. LADEWIG, B. MÄRLÄNDER, 2008: Strategien zur Reduktion des Herbizideinsatzes im Zuckerrübenanbau. J. Plant. Dis. Protect., Special Issue XXI, 477-480.

BUHRE, C., P. FECKE, F. NELLES, G. SCHLINKER, E. LADEWIG, 2011: Entwicklungen im Pflanzenschutz in Zuckerrüben aus der Umfrage Produktionstechnik im Vergleich zur Erhebung NEPTUN. Sugar Industry /Zuckerind. 136, Sonderheft 10. Göttinger Zuckerrübentagung, 13-20.

BURTH, U., B. FREIER, K. HURLE, M. RESCHKE, R. SCHILLER, B. STEIN, D. WESTPHAL, 2002a: Die Grundsätze des integrierten Pflanzenschutzes. Nachrichtenbl. Deut. Pflanzenschutzd., 54 (8), 208-211.

BURTH, U., V. GUTSCHE, B. FREIER, D. ROSSBERG, 2002b: Das notwendige Maß bei der Anwendung chemischer Pflanzenschutzmittel. Nachrichtenbl. Deut. Pflanzenschutzd., 54 (12), 297-303 .

BUSCHE, S., 2008: Reduktion des Pflanzenschutzmitteleinsatzes – Konsequenzen für das Schaderregerauftreten und die Wirtschaftlichkeit in Getreide-Zuckerrübe-Fruchtfolgen. Dissertation, Universität Göttingen.

DIERCKS, R., R. HEITEFUSS, 1994: Integrierter Landbau: Systeme umweltbewußter Pflanzenproduktion; Grundlagen, Praxiserfahrungen, Entwicklungen. Verlagsunion Agrar, München.

FREIER, B., W ZORNBACH, 2008: Zur Qualifizierung und Weiterbildung der Berater und Trainer in den Pflanzenschutzdiensten Deutschlands. Nachrichtenbl. Deut. Pflanzenschutzd., 60 (9), 205-208.

FREIER, B., B. PALLUT, M. JAHN, J. SELLMANN, V. GUTSCHE, W. ZORNBACH, E. MOLL, 2009: Netz Vergleichsbetriebe Pflanzenschutz Jahresbericht 2008. Berichte aus dem Julius Kühn-Institut (JKI) 149 – Bundesforschungsinstitut für Kulturpflanzen, Kleinmachnow.

FREIER, B., J. SELLMANN, J. SCHWARZ, M. JAHN, E. MOLL, V. GUTSCHE, W. ZORNBACH, 2010: Netz Vergleichsbetriebe Pflanzenschutz Jahresbericht 2009. Berichte aus dem Julius Kühn-Institut (JKI) 156 – Bundesforschungsinstitut für Kulturpflanzen, Kleinmachnow.

GÜNTHER, A., B. PALLUTT, 2008: Erhebungen zur Intensität der Herbizid-Anwendungen in Winterweizen in sechs Ackerbaubetrieben und Betrachtungen zum notwendigen Maß. J. Plant. Dis. Protect., Special Issue XXI, 547-554.

HACK, H., 1981: In welchen Zeiträumen muß die Zuckerrübe unkrautfrei sein? Die Zuckerrübe 30, 127-130.

KAISER, U., 2007: Epidemiologie von Cercospora beticola Sacc. und Befalls-Verlust-Relationen bei Zuckerrüben (Beta vulgaris L.) in Abhängigkeit von der Anfälligkeit von Sorten und Konsequenzen für sortenspezifische Bekämpfungsschwellensysteme. Dissertation, Universität Göttingen.

KOBUSCH, H., 2003: Unkrautbekämpfung in Zuckerrüben – Ermittlung der Kritischen Periode. Dissertation, Universität Hohenheim.

LANG, C., 2005: Bekämpfung von Blattkrankheiten – Monitoring, Bekämpfungsschwellen und Umsetzung in der Praxis. Sugar Industry / Zuckerind. 130 (5), 388-396.

MÄRLÄNDER, B., C. HOFFMANN, H. J. KOCH, E. LADEWIG, R. MERKES, J. PETERSEN, N. STOCKFISCH, 2003: Environmental situation and yield performance of the sugar beet crop in Germany: heading for sustainable development. J. Agron. Crop. Sci., 189, 201-226.

ROSSBERG, D., V. GUTSCHE, S. ENZIAN, M. WICK, 2002: Neptun 2000 – Erhebung von Daten zum tatsächlichen Einsatz chemischer Pflanzenschutzmittel im Ackerbau Deutschlands. Berichte aus der Biologischen Bundesanstalt für Land- und Forstwirtschaft (BBA) 98, Kleinmachnow.

ROSSBERG, D., 2006: NEPTUN 2005 – Zuckerrüben. Statistische Erhebung zur Anwendung von Pflanzenschutzmitteln in der Praxis. Berichte aus der Biologischen Bundesanstalt für Land- und Forstwirtschaft (BBA) 137, Kleinmachnow.

ROSSBERG, D., E. LADEWIG, P. LUKASHYK, 2008: NEPTUN 2007 – Zuckerrüben. Berichte aus dem Julius Kühn-Institut (JKI) 145 – Bundesforschungsinstitut für Kulturpflanzen, Kleinmachnow.

ROSSBERG, D., E. H. VASEL, E. LADEWIG, 2010: NEPTUN 2009 – Zuckerrübe. Berichte aus dem Julius Kühn-Institut (JKI) 152 – Bundesforschungsinstitut für Kulturpflanzen, Kleinmachnow.

III Artikel 2

Weed composition and herbicide use strategies in sugar beet cultivation in Germany

Unkrautzusammensetzung und Herbizidstrategien im Zuckerrübenanbau in Deutschland

Eike-Hennig Vasel, Erwin Ladewig, Bernward Märländer

Abstract

Weed composition and herbicide use in sugar beet fields varied in the last decades. This study was conducted to determine and analyse changes in weed composition and herbicide use strategies on regional and national scale in Germany based on data of the Sugar Beet Cultivation-survey (1994-2010) and NEPTUN-survey - Sugar Beet (2005, 2007 and 2009). On national scale, the occurrence of the most important common weeds has partly tripled and difficult-to-control weeds partly doubled from 1996 to 2010. Most important common weeds were goosefoot (CHESS), knotweed (POLSS) and cleaver (GALAP) with a spread of at least 36% up to 79%. The most difficult-to-control weeds were knotweed (POLSS), annual mercury (MERAN) and fool´s parsley (AETCY), which occurred on less than 26% of the acreage in 2010. Acreage of mulch tillage systems and post-emergence treatments increased, while treatment frequency was relatively constant at approximately 3.0-3.5. Number of herbicide products and active ingredients used per treatment were relatively constant at 2.5 and 4.0, respectively, but treatment index per treatment changed significantly between the years from 2.0 to 2.4. Exemplarily, fields of exemplary regions in the north, west and south were characterised by specific weed compositions, which were regulated by adopted herbicide use strategies. Strategies differed in treatment frequency, varying from 2.9 to 4.5, number of herbicide products per treatment, varying from 2.2 to 3.5, number of active ingredients per treatment, varying from 3.6 to 4.8 and treatment index, varying from 1.47 to 2.51 in 2009. For the first time, the analysis of weed composition was done in relation to herbicide use strategies by comparable data. Weed species-specific adoption of treatment patterns, herbicide use intensity and reduced application rates clarify the implementation of the Integrated Pest Management in sugar beet cultivation, which is part of the EU-Directive 2009/128/EG for a sustainable use of pesticides.

Keywords: herbicides, active ingredients, treatment index, difficult-to-control weeds, NEPTUN-survey, Sugar Beet Cultivation-survey, Integrated Pest Management, National Action Plan

Zusammenfassung

Das Unkrautauftreten und der Herbizideinsatz in Zuckerrüben haben sich in den letzten Dekaden sehr verändert. Dieser Artikel bezieht sich auf die Bestimmung und die Analyse von Entwicklungen im Unkrautauftreten sowie deren Regulierung durch Herbizidstrategien auf regionaler und nationaler Ebene. Hierfür wurden Daten aus der Umfrage Produktionstechnik im Zuckerrübenanbau (1994-2010) und der NEPTUN-Erhebung Zuckerrüben (2005, 2007 und 2009) verwendet. Im Zeitraum von 1996 bis 2010 hat sich der Anteil von häufig auftretenden Unkräutern nahezu verdreifacht, und von schwer zu bekämpfenden Unkräutern verdoppelt. Die wichtigsten häufig auftretenden Unkräuter waren Gänsefußgewächse (CHESS), Knötericharten (POLSS) und Klettenlabkraut (GALAP) mit einem Vorkommen auf 36% bis 79% der Fläche. Die häufigsten schwer zu bekämpfenden Unkräuter waren Knötericharten (POLSS), Bingelkraut (MERAN) und Hundspetersilie (AETCY), welche 2010 auf weniger als 26% der Fläche vorkamen. Während der Flächenanteil von Mulchsaat und Nachauflaufbehandlungen stetig ansteigt, liegt die Behandlungshäufigkeit relativ konstant bei etwa 3-3,5. Auch die Anzahl eingesetzter Herbizide und Wirkstoffe je Behandlung liegt relativ konstant bei 2,5 bzw. 4, jedoch änderte sich der Behandlungsindex signifikant von 2 auf 2,4. Anhand von Beispielregionen im Norden, Westen und Süden wurde die spezifische Verunkrautung einer Region erfasst, und mit der jeweilig angepassten Herbizidstrategie verglichen. Die Strategien unterschieden sich im Jahr 2009 hauptsächlich in der Behandlungshäufigkeit, die zwischen 2,9 und 4,5 variierte, der Anzahl an eingesetzten Herbiziden je Behandlung, die zwischen 2,2 und 3,5 variierte, der Anzahl eingesetzter Wirkstoffe je Behandlung, die zwischen 3,6 und 4,8 variierte und dem Behandlungsindex, der zwischen 1,47 und 2,51 variierte. Zum ersten Mal wurde dadurch eine Verunkrautung mit einer entsprechenden Herbizidstrategie in Bezug gesetzt. Die unkrautartspezifische Anpassung der Behandlungsmuster, die Herbizidintensität und die Reduktion von Aufwandmengen verdeutlichen die Verinnerlichung des integrierten Pflanzenschutzes im Zuckerrübenanbau, welcher Bestandteil der EU-Direktive 2009/128/EG für eine nachhaltige Verwendung von Pestiziden ist.

Stichwörter: Herbizide, Wirkstoffe, Behandlungsindex, schwer-bekämpfbare Unkräuter, NEPTUN-Erhebung, Umfrage Produktionstechnik im Zuckerrübenanbau, integrierter Pflanzenschutz, Nationaler Aktionsplan

1 Introduction

Since the beginning of sugar beet cultivation in the early 19th century weed control was laborious; in the row it was combined with hand singling of approximately 1 mio plants ha^{-1} to final densities of about 70,000 plants ha^{-1}. Between rows weed control was conducted by hand or machine hoe. At this time, difficult-to-control weeds were barnyard grass (ECHCG), couch grass (ELYME), canada thistle (CIRAR) and field bindweed (CONAR) (KOLBE, 1985). Hand singling and weeding became more expensive, since progressing industrialisation bound workers and wage level increased. Thus, profitable sugar beet cultivation became more and more challenging in the 1950s. In the 1960s the development of sufficient selective herbicide active ingredients (a.i.) and monogerm seed in connection with single-seed drills decreased manual labour need extremely (HANF et al., 1976).

Pyrazon (Chloridazon) was approved (2*4,000 g a.i. ha^{-1}) pre/post-emergence in the 1960s as the first common selective herbicide a.i.. However, efficacy against e.g. knotweeds (POLSS) was low. Phenmedipham was approved (960 g a.i. ha^{-1}) post emergence in the 1970s and showed a high efficacy, but monocots and late emerging weeds got more widespread. Metamitron was approved (7,000 g a.i. ha^{-1}) pre-emergence in the late 1970s and applied in tank mixtures with phenmedipham post-emergence (7,000 g a.i. ha^{-1}), which led to a higher efficacy. Annual mercury (MERAN) got a regional and cleaver (GALAP) a wider spread. Ethofumesate was approved (2,000 g a.i. ha^{-1}) post emergence in 1985 and again had an increased efficacy when used in tank mixtures with metamitron, phenmedipham and an oil additive. First it was used in a single and later split in 2 to 4 treatments. Metolachlor was approved (1,500 g a.i. ha^{-1}) pre-emergence, cycloxydim (500 g a.i. ha^{-1}) and fluazifop-butyl (750 g a.i. ha^{-1}) post-emergence in the 1990s with a high efficacy in controlling monocots. Trifulsulfuron was approved (43.7 g a.i. ha^{-1}) post-emergence and quinmerac (250 g a.i. ha^{-1}) pre/post-emergence in the mid-1990s and had a high efficacy against "new weeds" e.g. fool´s parsley (AETCY) and three-cleft bur-marigold (BIDTR) occurring on regional scale (AMMON, 2002). Since then, no new herbicide a.i. has been authorised in sugar beet cultivation in Germany.

Today's low dosage active ingredients composition applied as tank mixtures require information about the field- and region-specific weed population. However, reliable data on the weed composition and the more and more sophisticated herbicide use in practical weed control have not yet been published. Simultaneously, public awareness has increased in the last decades and public is more and more critical about pesticide use, although authorisation is legally regulated.

The intensity of pesticide use is characterised by treatment index and treatment frequency. For that, data about pesticide use on field scale are required as surveyed by NEPTUN-surveys beginning in 2000 (ROSSBERG et al., 2002). The first German action plan aiming to reduce pesticide use was the Plant Protection Product Reduction Programme (Reduktionsprogramm chemischer Pflanzenschutz) in 2004 (BMVEL, 2004), which included data of NEPTUN-survey. The National Action Plan on Sustainable Use of Plant Protection Products (Nationaler Aktionsplan zur nachhaltigen Anwendung von Pflanzenschutzmitteln) followed in 2008 (BMELV, 2008) in order to increase transparency and documentation of pesticide use as well as focusing on the necessary minimum of pesticide applications. The EU-Directive 2009/128/EG for a sustainable use of pesticides (ANONYMOUS, 2009a) demands from all EU-member countries to set up action plans till December 2012. Thus, data about pesticide use on farm scale have to be collected, analysed and interpreted for scientific purposes and policy advice which has not been done until now.

The objective of this study was to analyse (i) the species-specific compositions of weed populations in German sugar beet cultivation, and (ii) the different herbicide use strategies on regional scale. In addition, the principal aim was to create a perspective for public acceptance of future chemical weed control in sugar beet.

Two different basic approaches were approved being representative for sugar beet cultivation in Germany: 1. 'Sugar Beet Cultivation-survey 1994-2010' including key figures of pesticide use and weed control for 22 sugar beet factory catchment areas (BUHRE et al., 2011), 2. 'NEPTUN-survey 2005, 2007 and 2009' with data of pesticide use from approximately 1,000 fields p.a. (ROSSBERG et al., 2010).

2 Material and Methods

2.1 Data collection

The Sugar Beet Cultivation-survey (SBCS) was coordinated by the Institute of Sugar Beet Research, Göttingen (IfZ). It was carried out beginning in 1994 and consists of a biannual main-survey and an annual intermediate-survey, which covers Germany's total sugar beet acreage (MERKES et al., 1996; MERKES et al., 2001). The main-survey includes information on preceding crop, sowing, soil tillage, plant protection and harvest. The intermediate-survey contains parameters, which are influenced by annual variation such as sowing date, seed dressing and appearance of pests and diseases. Data were estimated by local sugar factory advisers together with advisers from growers associations and official advisory services. Some aspects could be specified very precisely e.g. harvesting and transporting technique. In 2010, analysis of data was based on a regional scale in relation to 22 sugar factory catchment areas (BUHRE et al., 2011). Out of these, five geographic regions (north, northeast, east, south and west) were assigned. Data was weighted by sugar beet acreage.

The NEPTUN-survey (Netzwerk zur Ermittlung der Pflanzenschutzmittelanwendung in unterschiedlichen, landwirtschaftlich relevanten Naturräumen Deutschlands) was established and organised by the Julius Kühn-Institut (JKI former Biologische Bundesanstalt für Land- und Fortswirtschaft) in 2000 to provide data on pesticide use, and thus, to increase the transparency of its use in Germany (ROSSBERG et al., 2002). The NEPTUN-surveys sugar beet were carried out in 2005, 2007 and 2009 in cooperation with the IfZ (ROSSBERG, 2006; ROSSBERG et al., 2008; ROSSBERG et al., 2010). The NEPTUN-survey 2009 contained 15 regions called ERA (Erhebungsregionen Ackerbau), in which pesticide use was surveyed from at least 30 farms per ERA (ROSSBERG et al., 2010). The parameters treatment time, pesticide product, application rate and treated area were recorded. More detailed information is given in the NEPTUN-reports (ROSSBERG, 2006; ROSSBERG et al., 2008; ROSSBERG et al., 2010).

2.2 Data analysis

In order to obtain information about weed occurrence in sugar beet, data from the SBCS was used. In principle, weeds were categorised as 'common' and 'difficult-to-control' weeds. Difficult-to-control weeds were characterised in case of typical field-specific insufficient controllability with herbicide use strategies calculated on regional scale (LADEWIG et al., 2007). Different herbicide use strategies (NEPTUN-survey) and weed infestations (SBCS) were compared for three exemplary regions (Tab. 2). On regional scale one to two ERA were considered as exemplary regions. Only catchment areas which are mostly situated inside an exemplary region were included in this study. Exemplary region 1 approximates the ERA 1001 (Schleswig-Holstein/ nördliches Niedersachsen), exemplary region 2 the ERA 1009 (Niederrheinische Bucht/Köln-Aachener Bucht) and exemplary region 3 the ERA 1015/1016 (Nördliche Gäuplatten/Westfranken; Keuper-Lias-Land), respectively. Time lag between both surveys was neglected.

Generally, the use of non-selective herbicides was classified into three groups differing in date and development stage of sugar beet when applied. Three categories were determined: Pre-sowing treatments in autumn, pre-sowing treatments in spring, and pre-emergence treatments after sowing in spring. In the NEPTUN-survey, all glyphosate applications after 1st September of the year previous to sugar beet cultivation were included. In the SBCS, glyphosate application was considered for the first time in 2000, but no classification was made. Additionally, the acreage with plough and mulch tillage systems was recorded and set into relation to the use of non-selective herbicides.

In the SBCS, herbicide treatments were classified into two groups, post-emergence treatments only and a combination of pre-/post-emergence treatments. In the NEPTUN-survey, the date of sugar beet emergence was not recorded. Therefore treatments in a period of up to seven days after sowing were regarded to be pre-emergence. All pre-sowing and pre-emergence treatments were aggregated to pre-emergence treatments in order to improve comparability between both surveys. In Fig. 2, glyphosate-containing herbicide products were included in the NEPTUN-survey, only.

The number of herbicide treatments was analysed for the two categories of post- and pre-/post-emergence treatments as defined above (NEPTUN and SBCS).

The analysis of the number of herbicide products used per treatment (NEPTUN) was based on 11,900 treatments resulting from 30,796 herbicide applications. Approximately 99% of all applications resulted from the first five treatments. Hence, data analysis and presentation included the first five treatments only, which led to more compact figures, as well as the use of the 5th/95th percentile. To illustrate differences in the rate of occurrence of herbicide treatments, proportions of fields with the corresponding number of treatments were shown. The number of herbicide products used was calculated from the number of different herbicide products used per field and treatment, while different products were counted separately, even when the active ingredients were identical.

The analysis of the number of active ingredients per treatment (NEPTUN) was based on 11,900 treatments resulting from the application of added up 46,419 active ingredients. It was calculated by summing up identical active ingredients per field and treatment, while different herbicide products with identical active ingredients were counted once.

The treatment index (TI) describes the intensity of pesticides use in the period from harvest of the preceding crop till harvest of the sugar beet (ROSSBERG et al., 2002). In this study, the Treatment index$_H$ refers to herbicides only, and was calculated separately for each field (1).

$$\text{Treatment index}_H = \sum \left(\frac{\text{application rate}}{\text{authorised application rate}} * \frac{\text{treated acreage}}{\text{total acreage of field}} \right) \quad \textbf{(1)}$$

The treatment frequency (TF) is defined by the number of pesticide treatments conducted on a certain field, whereas site-specific applications were considered by acreage-coefficient. In this study Treatment frequency$_H$ refers to herbicides only (2).

$$\text{Treatment frequency}_H = \sum \left(\text{number of treatments} * \frac{\text{treated acreage}}{\text{total acreage of field}} \right) \quad \textbf{(2)}$$

Herbicide use was assigned to four different herbicide dosage reduction classes which were classified by frequently used reductions of herbicide products referring to the authorised application rate (NEPTUN). Application rates of identical herbicide products were summed up for each field to 8,713 dosages and were assigned to the classes > 75%, 50-75%, 25-50% and < 25% of dosage-reduction relative to the authorised application rate.

The relative importance of each active ingredient was analysed by calculating both, the proportion of applications including the respective active ingredient in relation to all applications, and the acreage treated with each active ingredients percentage of the total treated area (NEPTUN).

Herbicide costs were calculated according to the NEPTUN-data and the pesticide price list of BayWa AG, 2009 (ANONYMOUS, 2009b).

Statistical analysis was conducted by the procedure 'proc glm' for analysis of variance followed by a multiple comparison of means according to Tukey (SAS Version 9.2, SAS Institute Inc., Cary, NC, USA).

3 Results

Concerning the common weeds, the spread of knotweed (POLSS) increased continuously from 35% to 86%, goosefoot (CHESS) from 47% to 79% and annual mercury (MERAN) from 9% to 25% in 1996 and 2010, respectively (Tab. 1). The occurrence of cleaver (GALAP) varied constantly around the average of 47% and camomile (MATSS) between 16% and 35%. Regarding the difficult-to-control weeds, knotweed (POLSS) was the most widespread specie. Its proportion constantly increased up to 25% in 2010. Weed beet increased from 4% in 1996 to 9% in 2010. The other weed species remained relatively constant at about 15% or less.

Table 1: Important common and difficult-to-control weeds in sugar beet cultivation, estimated acreage of weed occurrence in % of total acreage. Sugar Beet Cultivation-survey (SBCS), Germany 1996-2010.

Weeds	EPPO Code	1996	1998	2000	2002	2004	2006	2008	2010	Mean
Common										
goosefoot	CHESS	47	69	70	67	74	76	77	79	70
knotweed	POLSS	35	39	49	55	67	72	84	86	61
cleaver	GALAP	45	42	47	46	58	53	47	36	47
camomile	MATSS	16	22	33	24	27	31	35	34	28
annual mercury	MERAN	9	3	15	14	18	19	24	25	16
Difficult-to-control										
knotweed	POLSS	11	12	12	16	18	20	26	25	17
annual mercury	MERAN	10	12	14	16	10	13	18	16	14
fool´s parsley	AETCY	11	8	10	13	12	10	10	10	11
cleaver	GALAP	14	9	6	10	9	8	6	5	8
weed beet	NNNRS	4	4	4	9	12	8	13	9	8
camomile	MATSS	2	5	8	10	13	9	7	6	7
volunteer rape	BRSNN	6	2	5	6	11	5	10	14	7
vol. potatoes	SOLTU	0	0	5	2	2	1	3	2	2

Generally, weed infestation on regional scale was heterogeneous in occurrence and intensity (Tab. 2). Within exemplary region 1, common weeds dominated clearly over difficult-to-control weeds, whereas in exemplary region 2 and 3 the distribution was more balanced between common and difficult-to-control weed species.

Acreage of plough tillage system decreased from 89% in 1994 to 55% in 2010 (Fig. 1). Acreage of mulch tillage system increased proportionally from 11% to 45%, correspondingly the acreage of non-selective herbicides increased from 17% in 2000 to 45% in 2010.

Table 2: Important common and difficult-to-control weeds in three exemplary regions of sugar beet cultivation, estimated acreage of weed occurrence in % of total acreage. Sugar Beet Cultivation-survey (SBCS), Germany 2008.

Weeds	EPPO Code	Exemplary region 1[1]	Exemplary region 2[1]	Exemplary region 3[1]
Common				
annual mercury	MERAN	-	53	-
black bindweed	POLCO	60	20	70
black nightshade	SOLNI	-	22	-
camomile	MATSS	70	41	-
chickweed	STEME	-	56	36
cleaver	GALAP	90	11	57
common orache	ATXPA	-	-	80
field pansy	VIOAR	80	-	-
fool´s parsley	AETCY	-	10	-
knotgrass	POLAV	30	21	1
speedwell	VERSS	70	-	18
volunteer rape	BRSNN	65	-	-
white goosefoot	CHEAL	40	75	-
Difficult-to-control				
annual mercury	MERAN	-	41	8
black nightshade	SOLNI	-	-	3
cleaver	GALAP	-	-	13
common orache	ATXPA	15	-	-
field bindweed	CONAR	-	-	10
field woundwort	STAAR	3	-	-
fool´s parsley	AETCY	25	13	11
hemlock	CIOMA	5	-	-
knotgrass	POLAV	-	14	-
barnyard grass	ECHCG	-	6	-
pigweed	AMASS	-	-	15
three-cleft bur-marigold	BIDTR	-	-	5
volunteer potatoes	SOLTU	-	6	-
water smartweed	POLAM	-	5	-
weed beet	NNNRS	-	13	3
white goosefoot	CHEAL	-	4	-

[1]**Exemplary region 1:** Approximating ERA 1001 Schleswig-Holstein / Nördliches Niedersachsen; **Exemplary region 2:** Approximating ERA 1009 Niederrheinische Bucht / Köln-Aachener Bucht; **Exemplary region 3:** Approximating ERA 1015/1016 Nördliche Gäuplatten / Westfranken; Keuper-Lias-Land

The proportion of acreage with post-emergence treatments estimated by the SBCS increased continuously from 80% in 1996 to 89% in 2010, while by the NEPTUN-survey post-emergence treatments were between 70% in 2007 and 80% in 2005 (Fig. 2).

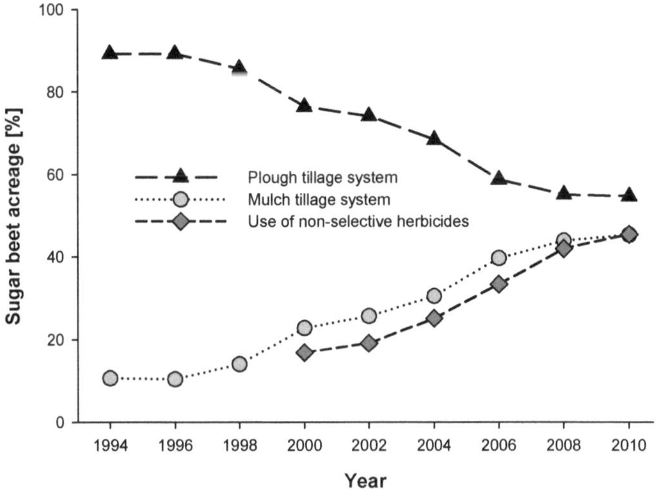

Figure 1: Tillage systems applied for sugar beet cultivation and use of non-selective herbicides, estimated distribution in % of total acreage. Sugar Beet Cultivation-survey (SBCS), Germany 1994-2010.

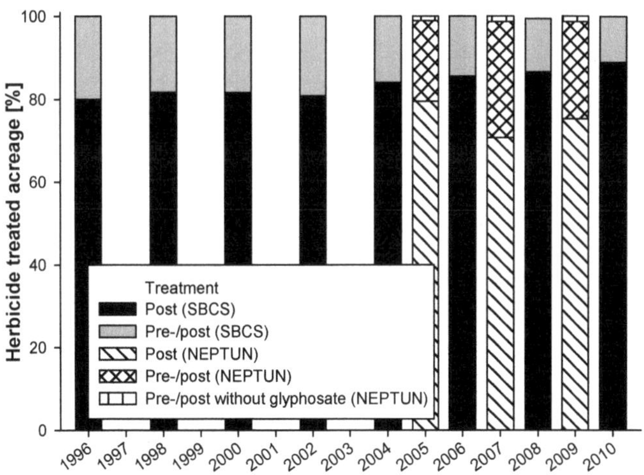

Figure 2: Post- and pre-/post-emergence herbicide treatments in sugar beet cultivation, estimated (SBCS) and surveyed (NEPTUN) herbicide treated acreage in % of total acreage. Sugar Beet Cultivation-survey (SBCS), Germany 1996-2010 and NEPTUN-survey, Germany 2005-2009.

By the SBCS, the number of post-emergence treatments remained relatively constant at approximately 3 (Fig. 3). Pre-/post-emergence treatments increased slightly from 2.9 in 1996 to 3.3 in 2010 (no glyphosate-containing herbicide products were included). In the NEPTUN-survey, post-emergence treatments averaged nearly 3.5 and pre/post-emergence treatments approximately 4.9, where almost all pre-emergence treatments consisted of glyphosate-containing herbicide products.

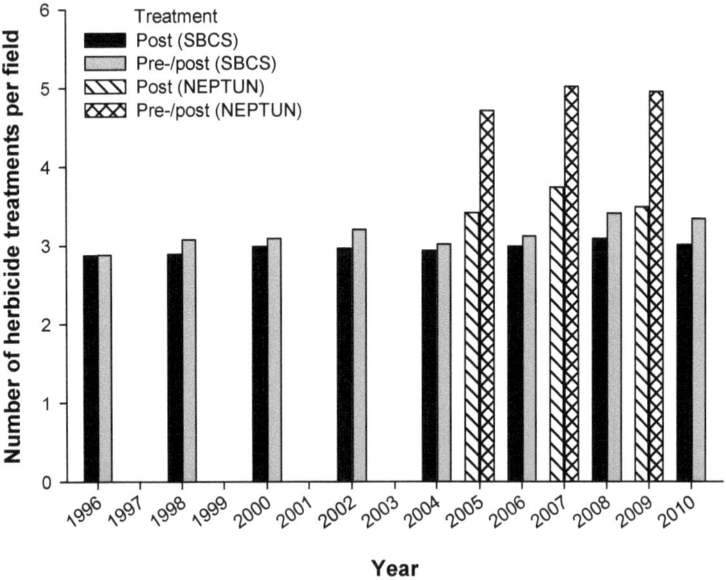

Figure 3: Number of herbicide post- and pre-/post-emergence treatments per field in sugar beet cultivation, estimated (SBCS) and surveyed (NEPTUN) values. Sugar Beet Cultivation-survey (SBCS), Germany 1996-2010 and NEPTUN-survey, Germany 2005-2009.

Across years, the 1st treatment showed a significantly lower number of herbicide products compared to the 2nd of about 2.5 and 3.0, respectively, while the 3rd treatment remained at a similar level as the 2nd (Fig. 4). The 4th and 5th treatments had a significantly lower number of herbicide products of about 2.2 compared to the other treatments. The differences in herbicide products per treatment between years were not significant.

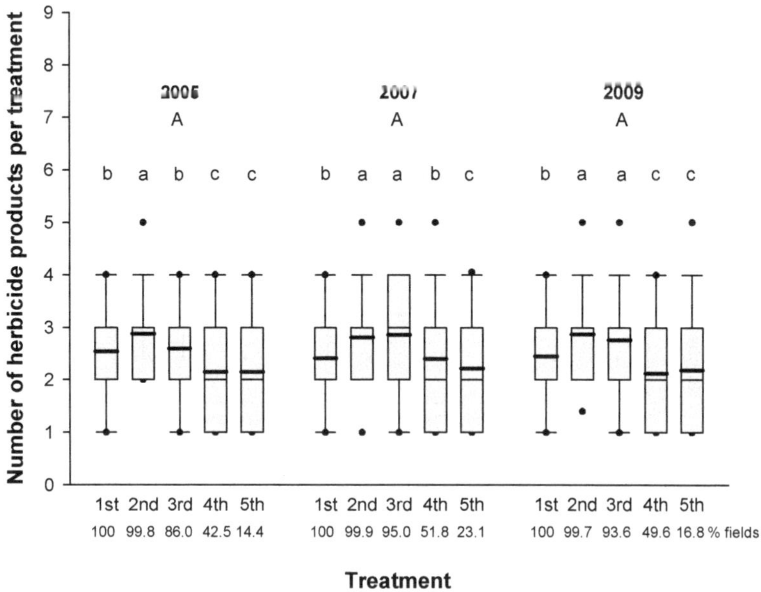

Figure 4: Number of herbicide products per treatment for the first five post-emergence treatments in sugar beet cultivation, mean/median and the 5th/95th percentile. Different upper and lower case letters indicate significant differences between years, and treatments within each year, respectively. (Tukey-test, $p \leq 0.05$). No. = 11,684 treatments, NEPTUN-survey, Germany 2005-2009.

Across years, the 2nd treatment showed the highest number of active ingredients per treatment of approximately 4.4 compared to the others, while the 1st treatment remained on a similar level as the 3rd of about 4.0 (Fig. 5). The 4th and 5th treatments showed a significantly lower number of active ingredients of approximately 3.0 compared to the other treatments. The differences in active ingredients per treatment between years were not significant. The Treatment index$_H$ showed an increasing tendency for the 1st, 2nd and 3rd treatments of about 0.5, 0.6 and 0.7, respectively (Fig. 6). The differences were significant in the years 2007 and 2009. Treatment index$_H$ of the 4th and 5th treatments remained on a similar level as of the 1st treatment. The differences in Treatment index$_H$ per treatment between years were significant in 2005 and 2007.

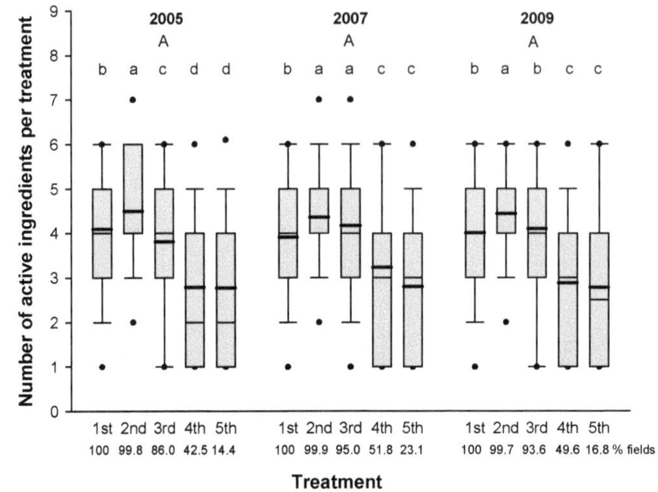

Figure 5: Number of active ingredients per treatment for the first five post-emergence treatments in sugar beet cultivation, mean/median and the $5^{th}/95^{th}$ percentile. Different upper and lower case letters indicate significant differences between years, and treatments within each year, respectively. (Tukey-test, $p \leq$ 005). No. = 11,684 treatments, NEPTUN-survey, Germany 2005-2009.

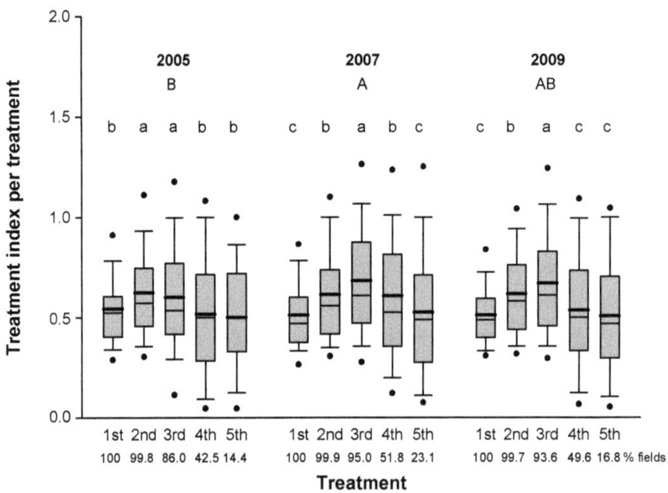

Figure 6: Treatment $index_H$ for the first five post-emergence treatments in sugar beet cultivation, mean/median and the $5^{th}/95^{th}$ percentile. Different upper and lower case letters indicate significant differences between years, and treatments within each year, respectively. (Tukey-test, $p \leq 0.05$). No. = 11,684 treatments, NEPTUN-survey, Germany 2005-2009.

On average of all dosages, 37% could be assigned to the dosage-reduction class 50-75% and 29% to the class 25-50%, followed by the class > 75% and <25% with 20% and 14%, respectively, the differences were significant between all classes (Tab. 3). From 2005 to 2009 the proportion of the class 50-75% significantly decreased, however, the class < 25% and 25-50% significantly increased, while differences within the class >75% were not significant.

Table 3: Herbicide use in sugar beet cultivation. Proportion of dosage-reduction relative to authorised application rate in % of all applications. Upper and lower case letters are related to differences within and between the dosage-reduction classes, respectively (Tukey-test, p ≤ 0.05). 15,996 applications. NEPTUN-survey, Germany 2005-2009.

Classes	2005	2007	2009	Average
	---% of all applications ---			
Dosage-reduction > *75 %* relative to auth. application rate	19.9[A]	20.7[A]	19.2[A]	19.9[c]
Dosage-reduction between *50-75 %* relative to auth. ...	39.8[A]	36.8[B]	34.7[B]	37.3[a]
Dosage-reduction between *25-50 %* relative to auth. ...	27.8[B]	26.9[B]	32.6[A]	29.1[b]
Dosage-reduction < *25 %* relative to auth. application rate	12.5[C]	15.7[A]	13.5[B]	14.0[d]
Σ	100	100	100	

Table 4: Proportion of active ingredients used in herbicide applications (A) and proportion of treated acreage (B) in sugar beet cultivation. 15,125 applications of active ingredients, 11,585 ha total acreage. NEPTUN-survey, Germany 2009.

Active ingredient	A* [%]	B [%]
ethofumesate	20.9	99.8
phenmedipham	20.3	99.8
metamitron	21.2	99.8
desmedipham	13.4	72.4
triflusulfuron	5.2	59.4
chloridazon	5.6	44.3
quinmerac	5.5	44.2
glyphosate**	1.6	28.6
propaquizafop	1.0	16.8
fluazifop-P	1.5	13.0
clopyralid	1.2	10.0
dimethenamid-P	1.5	8.2
quizalofop-P	0.6	4.2

* ≥ 0.5%; ** pre sowing-applications included

Ethofumesate, phenmedipham and metamitron were applied on nearly the total acreage and desmedipham on about 70%, representing about ³/₄ of all herbicide applications (Tab. 4). Approximately ¹/₂ of the acreage was treated with triflusulfuron, chloridazon and quinmerac. Proqaquizafop, fluazifop-P and quizalofop-P were used on < 20% of the acreage in order to control monocotyledons.

The treatment frequency$_H$ of fields with pre-/post-emergence treatments differed between the observed ERA from 2.5 to 6.3, on average 5 treatments were done per field (Tab. 5). 2.9-4.5 treatments were done per field with post-emergence treatments only. The 1st treatment was applied on average 15 days after sowing, varying from 12 to 21 days between the ERA followed by a mean treatment interval from approximately 12 days varying from approximately 8 to 15 days. On average, 2.6 herbicide products and 4.1 a.i. were applied per treatment, varying from 2.2 to 3.5 herbicide products and 3.6 to 4.8 a.i., respectively. This resulted in a treatment index$_H$ of 2.05 on average, varying from 1.47 to 2.51. Herbicide costs were on average 213 €/ha, varying from 177 €/ha - 251 €/ha. 35% of all dosages in 2009 could be assigned to the dosage-reduction class 50-75% varying from 27% to 43%, 33% to the class 25-50% varying from 25% to 51%. The dosage-reduction class > 75% and < 25% were assigned to 19% and 14%, varying from 8% to 26% and 10% to 20%, respectively.

Table 5: Key figures of herbicide use strategies in weed control on a regional scale (ERA): treatment frequency, number of herbicide products (hp) per treatment, number of active ingredients (a.i.) per treatment, herbicide treatment index (TI_H), herbicide cost and proportion of dosage-reduction relative to authorised application rate (% of all applications), NEPTUN-survey, Germany 2009.

	Fields Ø	ERA[1] 1001 e.r. 1[3]	1009 e.r. 2[3]	1015 e.r. 3[3]	1016 e.r. 3[3]	min[2]	max[2]
Treatment frequency$_H$ (pre-/post-emergence)	5.0	6.3	5.0	2.5	4.0	2.5	6.3
Treatment frequency$_H$ (post-emergence)	3.5	4.5	3.6	2.9	3.0	2.9	4.5
First treatment [days after sowing]	15.0	15.0	16.1	17.6	15.3	12.2	20.9
Mean treatment interval (treat. 1-3) [days]	12.4	7.9	11.7	15.4	11.9	7.9	15.4
Mean treatment interval (treat. 1-5) [days]	12.3	8.8	11.2	14.4	11.8	8.8	14.4
Number of hp per treatment (treat.1-5)	**2.6**	**2.7**	**3.5**	**2.6**	**2.2**	**2.2**	**3.5**
No. of herbicides 1st treatment	2.6	2.4	3.6	2.6	2.2	2.0	3.6
No. of herbicides 2nd treatment	2.9	2.9	4.2	2.8	2.2	2.2	4.2
No. of herbicides 3rd treatment	2.8	3.0	3.5	2.3	2.3	2.3	3.5
No. of herbicides 4th treatment	2.1	2.5	2.2	2.2	1.2	1.2	2.9
No. of herbicides 5th treatment	2.2	2.5	2.2	1.5	-	1.0	3.0
Number. of a.i. per treatment (treat. 1-5)	**4.1**	**3.6**	**4.8**	**4.5**	**4.1**	**3.6**	**4.8**
No. of a.i. 1st treatment	4.3	3.3	5.6	4.9	4.4	3.3	5.6
No. of a.i. 2nd treatment	4.6	4.0	5.8	5.0	4.2	4.0	5.8
No. of a.i. 3rd treatment	4.3	4.0	4.3	3.7	4.3	3.7	4.6
No. of a.i. 4th treatment	2.9	3.2	2.8	3.0	1.6	1.6	4.2
No. of a.i. 5th treatment	2.9	3.2	2.6	2.0	-	1.0	5.0
Treatment index$_H$ (treat. 1-5)	**2.05**	**2.09**	**2.51**	**1.82**	**1.47**	**1.47**	**2.51**
TI_H 1st treatment	0.52	0.46	0.59	0.52	0.42	0.41	0.60
TI_H 2nd treatment	0.62	0.52	0.82	0.62	0.47	0.44	0.82
TI_H 3rd treatment	0.67	0.54	0.83	0.77	0.59	0.54	0.83
TI_H 4th treatment	0.54	0.42	0.46	0.91	0.53	0.37	0.91
TI_H 5th treatment	0.51	0.40	0.47	0.73	-	0.40	0.92
Herbicide cost [€/ha]	**213**	**216**	**211**	**193**	**177**	**177**	**251**
Dosage-reduction relative to authorised application rate	**2009 Ø**	**proportion of all herbicide applications [%]**					
Dosage-reduction > 75 %	19.2	19.9	20.9	17.9	7.6	7.6	26.2
Dosage-reduction between 50-75 %	34.7	27.8	41.0	43.0	29.1	27.2	43.0
Dosage-reduction between 25-50 %	32.6	32.5	24.7	29.1	51.3	24.7	51.3
Dosage-reduction < 25 %	13.5	19.9	13.4	9.9	12.0	9.9	19.9

[1]**ERA** 1001: Schleswig-Holstein / Nördliches Niedersachsen; 1009: Niederrheinische Bucht / Köln-Aachener Bucht; 1015: Nördliche Gäuplatten / Westfranken; 1016: Keuper-Lias-Land

[2]min/max referring to all 15 ERA in Germany

[3](e.r.) approximating exemplary regions 1, 2 and 3

4 Discussion

Over the past five decades, herbicide use strategies in sugar beet cultivation evolved by the development of new active ingredients (a.i.) and in the mid-1980s by specific development of herbicide use strategies. Hence, herbicide use got more and more sophisticated depending on field-and regionally-specific weed population. Generally, public's criticalness against pesticide use induced National Action Plans (BMVEL, 2004; BMELV, 2008), which increased transparency and documentation of pesticide use. In the present study, data from surveys was evaluated and analysed aiming at (i) the species-specific compositions of weed populations and (ii) the different herbicide use strategies on regional scale in Germany. Therefore, two different basic approaches were approved, 'Sugar Beet Cultivation-survey (SBCS) 1994-2010' containing estimated key figures of pesticide use and weed control, and NEPTUN-survey 2005, 2007 and 2009 containing data of pesticide use on field scale.

Methodological critique concerning the quantitative analysis of surveys refers to size, distribution and mode of taking the sample. Experts estimation in SBCS leads to a good overview of many aspects with a more regional character e.g. weed infestation, for which an enormous amount of data is compulsory when evaluated field-specifically. Otherwise, precision might be lower for specific aspects like e.g. treatment frequency or treatment interval of herbicide use. These aspects were generated precisely by using results of the NEPTUN-survey on farm scale. For regional analysis of NEPTUN-data at least 30 samples were used compared to the SBCS where data was estimated by local sugar factory advisers. Estimation of experts might be of low reliability, particularly if catchment areas are relatively large. However, comparative analysis of many aspects of both surveys resulted in high coincidence (BUHRE et al., 2011).

4.1 Data analysis on national scale

Generally, weed infestation in sugar beet is influenced by e.g. soil characteristics (NORDMEYER and NIEMANN, 1992; PETERSEN, 2004) tillage system (PRINGAS et al., 2001), management intensity (WAGENITZ and MEYER, 1981), fertilisation (BRÄUTIGAM and SCHÄUFELE, 1994), crop competitiveness (KUDSK, 2008), climate (KUDSK, 2008) and herbicide use (BACHTHALER and DANCAU, 1970; SCHÄUFELE, 2000; PETERSEN, 2004). Goosefoot (CHESS) was the most significant weed in sugar beet (PETERSEN and HURLE, 1998). This is consistent with the data of the SBCS, in which goosefoot was found on approximately 70% of sugar beet acreage. Evaluated from the SBCS 1996-2010, knotweeds (POLSS), chamomile (MATSS) and annual mercury

(MERAN) as common weeds increased to 86%, 34% and 25% of the acreage, respectively. This goes along with an increase of mulch tillage in sugar beet cultivation (Fig. 1) which led to a higher content of organic matter in topsoil (JACOBS et al., 2009) and a slower soil warming. Increasing organic matter might decrease efficacy of residual acting active ingredients, while soil temperature is the most important factor for early growth of sugar beet (KRAUSE et al., 2009), which is linked to the competitiveness against weed. While the proportion of common weeds increased, difficult-to-control weeds were relatively constant at 2-17% of the acreage with the exception of knotweeds (POLSS), weed beet (NNNRS) and volunteer rape (BRSNN) which varied from 2-26% across the years. This could be partially explained by the increasing proportion of oil seed rape in crop rotations with sugar beet of approximately 20% of the acreage (SBCS, not shown). Weed beet was found frequently in rotations with a high proportion of sugar beet (LONGDEN, 1993). Annual meadow-grass (POAAN) and wild-oat (AVEFA) were the most common annual grass weeds but gramineous were less important in weed control than most of the broad-leave weeds (KNOTT, 2002; PETERSEN, 2004).

In the last decades, herbicide strategies were evolved towards split-applications and post-emergence treatments. Post-emergence treatments increased from 6% in 1980 to 62% in 1992 (ZINK et al., 1994) and in the SBCS from approximately 80% in 1996 to 90% in 2010 (Fig. 2). The NEPTUN-survey even indicated post-emergence proportion > 98% of the acreage in 2005-2009 (Fig. 2), if glyphosate use is not considered as it was done in SBCS. The use of pre-emergence treatments resulted in a higher total number of herbicide treatments per field of approximately 5.0 (including glyphosate) compared to approximately 3.5 when applied solely post-emergence (Fig. 3). According to SCHÄUFELE (2000) and KUDSK (2002), on average 3-3.5 treatments were applied predominantly to control annual broad-leave species and to compensate less efficacy of post-emergence herbicides. Usually, 3 treatments led to a sufficient weed control efficacy > 95% if they were adapted and timed precisely to field-specific weed population (BRUNS et al., 2008; VASEL et al., 2011).

Across the last 15 years, treatment patterns of herbicides were similar although spread of weeds like goosefoot (CHESS) and knotweed (POLSS) increased from 47 and 35% to 79 and 86%, respectively. The 1st treatment was usually applied approximately 15 days after sowing, varying from 12-21 days, depending on weed species, weed emergence and weather conditions. Between the years, a similar trend was observed in number of herbicides and active ingredients used per treatment for the first five treatments. The 1st treatment consisted of approximately 2.5 herbicides followed by 3, 3, 2, and 2 to the 5th treatment (Fig. 4). 4 active ingredients were used in the 1st treatment followed by 4.5, 4, 3, and 3 to the 5th treatment (Fig. 5). Meanwhile the treatment index$_H$ of the first three treatments (Fig. 6) increased from 0.5 to 0.7, which could be explained by more weed species in later developmental stages of the sugar beet as well as less sensitiveness of more developed sugar beet and weeds (WINNER, 1981). The treatment index$_H$ decreased in the 4th and 5th treatments, each, to approximately 0.5 in relation to 2 herbicide products and 3 active ingredients used per treatment (Fig. 4, Fig. 5). The treatment index$_H$ showed significant differences between the years (Fig. 6). Consequently, the adaption of changing weed infestation was encountered by different herbicide use intensity but consistent treatment patterns on national scale (Fig. 4, Fig. 5). This could be an adaption to seasonal effects like drought, coldness as well as efficacy and selectivity of active ingredients etc. which influence the time of canopy closure and thus the competitiveness of the sugar beet against weeds (WINNER, 1981; KOBUSCH, 2003).

Considering the generally low treatment index per treatment and the proportional dosage reductions, it becomes obvious that only few dosages were applied at authorised rate. Therefore, emphasis of weed control was not put on the exhaustion of authorised application rates but on the combination of various herbicide products with their altering active ingredients. This process of dosage-reduction and split-applications over the past three decades was also driven by reducing costs of herbicide treatments.

The active ingredients ethofumesate, phenmedipham and metamitron as well as desmedipham were most widespread in weed control which represent approximately 75% of all herbicide applications, and were applied on almost the total acreage. These active ingredients could control almost every common or standard weed infestation in sugar beet crop. Difficult-to-control weeds or specific weed species like annual mercury (MERAN), three-cleft bur marigold (BIDTR) or volunteer rape (BRSNN) require additional active ingredients like triflusulfuron or chloridazon & quinmerac which were used on approximately one half of the acreage. Efficacy and the composition of these active ingredients are mainly influenced by weather conditions. At dry conditions a higher proportion of contact acting active ingredients e.g. phenmedipham, clopyralid or triflusulfuron are required. However, favourable conditions give an advantage to residual acting active ingredients e.g. chloridazon, dimethenamid-P, ethofumesate or metamitron. Generally, efficacy, and therefore the potential decreasing application rates, increase with better environmental conditions and thus the treatment index$_H$ per treatment decreases. Regulating weed beet in sugar beet is limited to non-selective a.i. like glyphosate (LONGDEN, 1993). Compared to this, selective a.i. like sulfonylurea or growth promoters could be used to control weed beet in cereals more easily.

Thresholds for weed control in sugar beet were examined but could not be used for most weeds because of low efficacy and high cost of herbicides to control most tall weeds (BRÄUTIGAM, 1998; WELLMANN, 1999). Hence, split weed control in the very early stage of weed development could reduce application rates > 75% compared to the authorised application rate. Reduced dosages minimise physiological stress for sugar beet plants (BEISSNER, 2000) and could have economic and ecological benefits by using fewer amounts of herbicides. These split-applications of herbicide products are unique in sugar beet cultivation compared to other crops.

4.2 Data analysis on regional scale

Weed population on regional scale varied widely compared to national scale. This refers to the results of 2008, which were in between of the NEPTUN-survey 2007 and 2009. Regional differences in herbicide use and weed population are demonstrated by three exemplary regions (Tab. 2, Tab. 5). Volunteer rape (BRSNN) occurred on approximately 65% of the acreage in the exemplary region (1) Schleswig-Holstein / Nördliches Niedersachsen. The herbicide use strategy focused on a higher treatment $frequency_H$ of 4.5, a shorter treatment interval of 8-9 days, a mean number of 2.7 herbicide products and 3.6 active ingredients per treatment. The treatment $index_H$ and costs were 2.09 and 216 € ha^{-1} on average, respectively. This led to sufficient efficacy to control volunteer rape (BRSNN) by treating continuously emerging plants in the sensitive cotyledon stage. The relatively high treatment $frequency_H$ and average number of herbicides led to a proportion of applications of approximately 20% of dosage reduction group < 25%. A proportion of applications of approximately 28% were surveyed for dosage reduction group 50-75% compared to the authorised application rate. In the exemplary region (2) Niederrheinische Bucht / Köln-Aachener Bucht annual mercury (MERAN) was the most widespread difficult-to-control weed. It was recorded on > 40% of the acreage. 3.5 herbicide products and 4.8 active ingredients were used, which is approximately 1 more than the average. Triflusulfuron was widely used to control annual mercury (MERAN), which resulted in a higher treatment $index_H$ per treatment > 0.8, especially in the 2nd and 3rd treatment. This led to a 0.5 higher treatment $index_H$ of 2.51 compared to the national average and herbicide costs of 211 € ha^{-1} on average. In spite of the highest treatment $index_H$ in this region, only 13% of applications can be assigned to a dosage reduction class < 25%. More than 60% of applications can be assigned to dosage-reduction classes 50-75 % and > 75 %. Therefore, the change in herbicide practice is based on the extension of the range of efficacy in connection with a slight reduction of intensity of the other herbicide products. The exemplary region (3) Nördliche Gäuplatten / Westfranken; Keuper-Lias-Land was characterised by the lowest herbicide intensity with a treatment index$_H$ of 1.5-1.8 compared to the average of 2.05. Common weed infestation was relatively low and proportion of difficult-to-control weed was < 15% for a single species. The mean treatment interval, number of herbicides and number of active ingredients per treatment were close to the average of all regions. Compared to this, treatment frequency$_H$ was the lowest with 2.9-3.0. Thus, a lower treatment index$_H$ originated from a lower treatment index$_H$ per treatment and a lower treatment frequency$_H$. An adequate efficacy was reached by higher application rates of herbicide products. This can be seen in the high proportion of dosage-reduction classes 25-50 % and < 25 %. This factor together with the relatively widespread use of hoeing machines of 20 to 65% of the acreage resulted in the lowest herbicide costs of 177-193 € ha^{-1} compared to approximately 5% and 212 € ha-1 on national average, respectively.

4.3 Future developments and public acceptance

Alternative herbicide strategies were provided by genetically modified herbicide tolerant (GMHT) sugar beet varieties (MÄRLÄNDER, 2005), which were grown on approximately 95% of Canada's and USA's acreage in 2011 and > 10% of world's sugar beet acreage in 2010 (TRANSGEN, 2011). Tolerance against glyphosate promises to decreases eco-toxicity and would positively influence economic and environmental parameters (DEWAR et al., 2003; MÄRLÄNDER, 2005). It enables the use of thresholds for weed control, which results in lower herbicide intensity compared to weed control with conventional herbicides (Tab. 6) (MÄRLÄNDER and VON TIEDEMANN, 2006). Cultivating GMHT varieties and the corresponding application of glyphosate simplifies herbicide treatment by more flexibility in timing and obviates the need of herbicide mixtures (KNOTT, 2002). Although, specific cases e.g. late weed infestations or anti-resistance strategies may require additional selective a.i. as mixture partners. Reflecting MAY (2003), MÄRLÄNDER (2005), KNISS (2010) and own calculations, savings for herbicide treatments in GMHT-systems were approximately 80 € ha^{-1} compared to conventional practice. Consequently, GMHT-systems would introduce new possibilities for Integrated Pest Management and sustainable development (MÄRLÄNDER et al., 2003), however, GMHT-system is not accepted by public in Germany. For the conventional system, neither new active ingredients were developed in the last two decades, nor are active ingredients in preparation by now. An exception is the reapproved active ingredient lenacil, which is a 'new' application partner since 2011.

Table 6: Cost and intensity of weed control by herbicides in sugar beet. Costs are based on NEPTUN-survey data and BayWa AG price list from 2009. GMHT (genetically modified herbicide tolerant) is calculated by the authorised application rate; application cost amended after KTBL 2008/2009.

	Conventional system	GMHT-system
Herbicide cost	213€ ha^{-1}	70 € ha^{-1}
Application cost	3.5*15 €	2*15 €
Seed royalty[+]	–	80 € ha^{-1}
Σ	258 € ha^{-1}	180 € ha^{-1}
Treatment index	2.25	1.00

[+]Data from USA (PATTERSON, 2009)

Mechanical weed control by tractor hoeing is an alternative measure in weed control reducing herbicide intensity. Using this technique, the adverse side effects e.g. damage of plant leaves and increasing risk of soil erosion have to be taken into account (GUMMERT et al., 2012), while tractor hoeing had a low efficacy of intra-row weed control (KOUWENHOVEN et al., 1991). However, reducing herbicide input leads to lower herbicide costs of up to 100 €/ha, but increasing costs for labour, even hand-labour and machinery in total.

Today's and future topics in sugar beet cultivation concerning pesticide use and its public acceptance may be realised, inter alia, by the National Action Plan on Sustainable Use of Plant Protection Products (BMELV, 2008) and the introduction of the respective Guidelines for Integrated Pest Management in Sugar Beet Cultivation (GUMMERT et al., 2011). The implementation of the general principles of Integrated Pest Management has to be followed for it, but not all principles are relevant in sugar beet cultivation. Relevant in weed control are preventive measures, monitoring, direct control, reduction to necessary minimum and documentation. However, anti-resistance strategies, non-chemical measures and threshold values are of lower importance. A tool to increase public acceptance towards pesticide use is to monitor the status quo of its application. This was realised by NEPTUN-surveys for sugar beet cultivation till 2009 and it will be done by the Panel of Plant Protection (PaPa) from 2010 to 2014 in connection with monitoring of the particular weed infestation. By focusing on risk reduction instead of application rates of pesticides in general, both profitability and ecological impact could be improved in the sense of a sustainable development.

Acknowledgement

This project was financially supported by the Federal Ministry of Food, Agriculture and Consumer Protection as part of the innovation funding of the Federal Agency for Agriculture and Food.

Literature

AMMON, H. U., 2002: Unkrautbekämpfung in Kulturen. In: ZWERGER, P., H.U. AMMON, 2002: Unkraut - Ökologie und Bekämpfung. Stuttgart, Verlag Eugen Ulmer, 419 S.

ANONYMOUS, 2009a: Richtlinie 2009/128/EG des Europäischen Parlaments und des Rates vom 21. Oktober 2009 über einen Aktionsrahmen der Gemeinschaft für die nachhaltige Verwendung von Pestiziden. Amtsblatt der Europäischen Union.

ANONYMOUS, 2009b: Pflanzenschutz-Preisliste 2009, BayWa|Agrar, BayWa AG München.

BACHTALER, G., B. DANCAU, 1970: Einfluß der Produktionstechnik auf die Unkrautflora in Zuckerrüben unter besonderer Berücksichtigung der chemischen Unkrautbekämpfung. Zucker 23 (10) 294-299.

BEISSNER, L., 2000: Influence of herbicide on metabolism and yield formation of sugar beet. Sugar Industry 125 (9), 721-726.

BMVEL, 2004: Reduktionsprogramm chemischer Pflanzenschutz. Bundesministerium für Verbraucherschutz, Ernährung und Landwirtschaft. Berlin, Eigenverlag.

BMELV, 2008: Nationaler Aktionsplan zur nachhaltigen Anwendung von Pflanzenschutzmitteln. Bundesministerium für Ernährung, Landwirtschaft und Verbraucherschutz. Bonn, Eigenverlag.

BRÄUTIGAM, H., W. R. SCHÄUFELE, 1994: Einfluß der Stickstoffdüngung auf die Verunkrautung in Zuckerrüben. Zeitschrift für Pflanzenkrankheiten und Pflanzenschutz, Sonderheft XIV, 467-476.

BRÄUTIGAM, H., 1998: Untersuchungen zur Konkurenz zwischen Unkraut und Zuckerrüben - Auftreten, Ursachen und Konsequenzen für die Unkrautregulierung. Dissertation Universität Göttingen, 92 S.

BRUNS, C., E. LADEWIG, B. MÄRLÄNDER, 2008: Strategien zur Reduktion des Herbizideinsatzes im Zuckerrübenanbau. Journal of Plant Diseases and Protection, Special Issue XXI, 177-180.

BUHRE, C., P. FECKE, F. NELLES, G. SCHLINKER, E. LADEWIG, 2011: Entwicklungen im Pflanzenschutz in Zuckerrüben aus der Umfrage Produktionstechnik im Vergleich zur Erhebung NEPTUN, Sugar Industry 136, 742-749.

DEWAR, A. M., M. J. MAY, I. P. WOIWOOD, L. A., HAYLOCK, G. T. CHAMPION, B. H. GARNER, R. J. N., SANDS, A. QI, J. D. PIDGEON, 2003: A novel approach to the use of genetically modified herbicide tolerant crops for environmental benefit. Proc. R. Soc. Lond. 270, 335-340.

GUMMERT, A., E. LADEWIG, P. LUKASHYK, B. MÄRLÄNDER, 2011: Leitlinien des integrierten Pflanzenschutzes im Zuckerrübenanbau. Hrsg.: Institut für Zuckerrübenforschung, Göttingen.

GUMMERT, A., E. LADEWIG, B. MÄRLÄNDER, 2012: Guidelines for integrated pest management in sugar beet cultivation - weed control. Journal für Kulturpflanzen 64 (4), 105-111.

HANF, M., H. LANG, H. STURM, 1976: Pflanzenschutzmaßnahmen - Ursachen und Folgen des Wandels im Acker- und Pflanzenbau. BASF Mitteilungen für den Landbau 76 (1).

JACOBS, A., R. RAUBER, B. LUDWIG, 2009: Impact of reduced tillage on carbon and nitrogen storage of two Haplic Luvisols after 40 years. Soil & Tillage Research 102, 158-164.

KNISS, A. R., 2010: Comparison of Conventional and Glyphosate-Resistant Sugarbeet the Year of Commercial Introduction in Wyoming. Journal of Sugar Beet Research 47, (3-4) 127-134.

KNOTT, C. M., 2002: Weed Control In Other Arable And Field Vegetable Crops. In: NAYLOR, R. E. L., 2002: Weed Management Handbook. Ninth Edition, Blackwell Science Ltd. 423 S.

KOBUSCH, H., 2003: Unkrautbekämpfung in Zuckerrüben – Ermittlung der Kritischen Periode. Dissertation Universität Hohenheim, 145 S.

KOLBE, W., 1985: 200 Jahre Pflanzenschutz in Zuckerrüben. Bonn, Rheinischer Landwirtschafts-Verlag, 104 S.

KOUWENHOVEN, J. K., J. D. A. WEVERS, B. J. POST, 1991: Possibilities of mechanical post-emergence weed control in sugar beet. Soil & Tillage Research 21, 85-95.

KRAUSE, U., H. J. KOCH, B. MÄRLÄNDER, 2009: Soil properties effecting yield formation in sugar beet under ridge and flat cultivation. European Journal of Agronomy 31 (1), 20-28.

KUDSK, P., 2002: Optimising Herbicide Performance. In: NAYLOR, R. E. L., 2002: Weed Management Handbook. Ninth Edition, Blackwell Science Ltd. 423 S.

KUDSK, P., 2008: Optimising herbicide dose: a straightforward approach to reduce the risk of side effects of herbicides. The Environmentalist 28, 49–55.

LADEWIG, E., C. BRUNS, H. LEIPERTZ, G. SANDER, H. WETZLER, 2007: Expertenbefragung zum Pflanzenschutz 1994-2005. Sugar Industry 132 (4), 260-265.

LONGDEN, P. C., 1993: Weed beet: a review. Aspects of Applied Biology 35, 185-194.

MÄRLÄNDER, B., C. HOFFMANN, H. J. KOCH, E. LADEWIG, R. MERKES, J. PETERSEN, N. STOCKFISCH, 2003: Environmental situation and yield performance of the sugar beet crop in Germany: heading for sustainable development. Journal of Agronomy &. Crop Science 189, 201-226.

MÄRLÄNDER, B., 2005: Weed Control in Sugar Beet using Genetically Modified Herbicide-tolerant Varieties – A Review of the Economics for Cultivation in Europe. Journal of Agronomy & Crop Science 191, 64-74.

MÄRLÄNDER, B., A. VON TIEDEMANN, 2006: Herbizidtolerante Kulturpflanzen - Anwendungspotentiale und Perspektiven. Schriftenreihe der Deutschen Phytomedizinischen Gesellschaft e.V. 8, 32-45.

MAY, M. J., 2003: Economic consequences for UK farmers of growing GM herbicide tolerant sugar beet. Ann. appl. Biol. (142), 41-48.

MERKES, R., G. H. JUNG, H. MUGELE, K. ZIEGLER, 1996: Stand der Produktionstechnik im Zuckerrübenbau - Ergebnisse einer Umfrage bei Zuckerfabriken 1994. Sugar Industry 121, 496-504.

MERKES, R., M. KRÖHL, H. MUGELE, M. SAUER 2001: Produktionstechnik zu Zuckerrüben im Jahr 2000 - Kostensenkung, Umweltschonung, Nachhaltigkeit. Sugar Industry 126, 804-811.

NORDMEYER, H., P. NIEMANN, 1992: Möglichkeiten der gezielten Teilflächenbehandlung mit Herbiziden auf der Grundlage von Unkrautverteilung und Bodenvariabilität. Journal of Plant Diseases and Protection, Special Issue XIII, 539-547.

PATTERSON, P. E., 2009: The Economics of Growing Sugarbeets in Southern Idaho: A Short Run Gross Margin Analysis. Agricultural Economics Extension Series, Department of Agricultural Economics and Rural Sociology, University of Idaho, 09 (01) 1-26.

PETERSEN, J., K. HURLE, 1998: Einführung von herbizidresistenten Sorten: Konsequenzen für die Unkrautbekämpfung. Journal of Plant Diseases and Protection, Special Issue XVI, 365-372.

PETERSEN, J., 2004. A Review on Weed Control in Sugar Beet: From Tolerance Zero to Period Threshold. In: Inderjit (Ed.), Weed Biology and Management, Kluwer Academic Publishers, Dordrecht, the Netherlands, 467-483.

PRINGAS, C., H. J. KOCH, H. MILLER, 2001: Konservierende Bodenbearbeitung - Einfluss auf die Herbizidwirksamkeit. Die Zuckerrübenzeitung, 37 (4) 10.

ROSSBERG, D., V. GUTSCHE, S. ENZIAN, M. WICK, 2002: Neptun 2000 – Erhebung von Daten zum tatsächlichen Einsatz chemischer Pflanzenschutzmittel im Ackerbau Deutschlands. Eigenverlag, Berichte aus der Biologischen Bundesanstalt für Land- und Forstwirtschaft 98, 27 S.

ROSSBERG, D., 2006: NEPTUN 2005 – Zuckerrüben. Statistische Erhebung zur Anwendung von Pflanzenschutzmitteln in der Praxis. Eigenverlag, Berichte aus der Biologischen Bundesanstalt für Land- und Forstwirtschaft 137, 37 S.

ROSSBERG, D., E. LADEWIG, P. LUKASHYK, 2008: NEPTUN 2007 – Zuckerrüben. Eigenverlag, Berichte aus dem Julius Kühn-Institut 145, 44 S.

ROSSBERG, D., E. H. VASEL, E. LADEWIG, 2010: NEPTUN 2009 - Zuckerrübe. Eigenverlag, Berichte aus dem Julius Kühn-Institut 152, 45 S.

SCHÄUFELE, R., 2000: Unkrautbekämpfung in Zuckerrüben - Fakten und Perspektiven. Sugar Industry 125 (9), 715-720.

TRANSGEN, 2011: available at: http://www.transgen.de/anbau/eu_international/1250.doku.html [accessed 24 November 2011].

VASEL, E. H., E. LADEWIG, B. FREIER, B. MÄRLÄNDER, 2011: Ansätze zur Ermittlung des notwendigen Maßes im Pflanzenschutz in Zuckerrüben. Sugar Industry 136, 611-620.

WAGENITZ, G., G. MEYER, 1981: Die Unkrautflora der Kalkäcker bei Göttingen und im Meißner Vorland und ihre Veränderungen. Teuxenia 1, 7-24.

WELLMANN, A., 1999: Konkurrenzbeziehungen und Schadensprognose in Zuckerrüben bei variiertem zeitlichen Auftreten von Chenopodium album L. und Chamomilla recutia (L.) Rauschert. Dissertation Universität Göttingen, 164 S.

WINNER, C., 1981: Zuckerrübenanbau. Verlagsunion Agrar, 308 S.

ZINK, J., K. KÖTTING, M. SCHMITZ, 1994: Unkrautkontrolle in Beta-Rüben - verschiedene Strategien und ihre Umsetzung. Journal of Plant Diseases and Protection, Special Issue XIV, 487-491.

IV Artikel 3

Auftreten von Blattkrankheiten und Schadinsekten sowie Fungizid- und Insektizidstrategien im Zuckerrübenanbau in Deutschland

Occurrence of foliar diseases and harmful insects as well as strategies of fungicide and insecticide use in sugar beet cultivation in Germany

Eike-Hennig Vasel, Erwin Ladewig, Bernward Märländer

Zusammenfassung

Das Auftreten von Blattkrankheiten und Schadinsekten sowie die Applikation von Fungiziden und Insektiziden in Zuckerrüben haben sich in den letzten Dekaden fortlaufend verändert. Dieser Artikel bezieht sich auf die Beschreibung und Analyse von Entwicklungen im Auftreten von Blattkrankheiten und Schadinsekten und deren Regulierung auf regionaler und nationaler Ebene in Deutschland. Hierfür wurden Daten aus der Umfrage Produktionstechnik im Zuckerrübenanbau (1994-2010) und der NEPTUN-Erhebung Zuckerrüben (2005, 2007 und 2009) ausgewertet. Seit 1999 hat sich der Anteil mit Blattkrankheiten befallener Zuckerrüben von etwa 50 % auf nahezu die gesamte Anbaufläche ausgebreitet. Die Cercospora-Blattflecken hatten 2009 mit über 70 % befallener Anbaufläche den größten Anteil daran, gefolgt von Mehltau mit einem Anteil von etwa 20 %. Andere Blattkrankheiten wiesen nur regional eine stärkere Bedeutung auf. In den letzten 20 Jahren konnte eine deutliche Zunahme bei der Applikation von Fungiziden von etwa 20 % auf 80 % der Anbaufläche beobachtet werden. Die Behandlungshäufigkeit nahm seit dieser Zeit auf bis zu drei Applikationen zu. Das Auftreten von Schadinsekten variierte stärker zwischen 30 % und 70 % der Anbaufläche, eine Regulierung erfolgte jedoch häufig nur auf etwa 20 % der Anbaufläche. Jahre mit starkem Befall, wie 1994, 2008 und 2009, bildeten hierbei eine Ausnahme. In der Regel verursachte das Auftreten von Blattläusen die Applikation von Insektiziden. Die Anzahl eingesetzter Fungizide und Insektizide lag häufig nahe 1,0. Während der Behandlungsindex und die Behandlungshäufigkeit seit 2005 bei Fungiziden zwischen 0,5 und 0,9 und bei Insektiziden zwischen 0,1 und 0,2 lag, variierte der Behandlungsindex je Applikation in beiden Wirkstoffbereichen nur geringfügig im Bereich um 1,0. Anhand von Beispielregionen im Norden, Westen und Süden wurde das spezifische

Auftreten von Blattkrankheiten und Schadinsekten mit der jeweiligen Fungizid- und Insektizidstrategie verglichen. Die regionalen Strategien unterschieden sich im Jahr 2009 hauptsächlich im Applikationstermin und der Behandlungshäufigkeit, die bei Fungiziden zwischen 0,9 im Norden und 2,2 im Süden und bei Insektiziden zwischen 0,0 im Süden und 0,5 im Norden variierte. Der Behandlungsindex je Applikation lag in allen Regionen und beiden Wirkstoffbereichen nahe 1,0. Dies und die Unterschiede im Applikationstermin verdeutlichen die hohe Bedeutung von Resistenzvermeidungsstrategien und die Implementierung von Bekämpfungsschwellensystemen im Sinne des integrierten Pflanzenschutzes im Zuckerrübenanbau.

Stichwörter: Behandlungsindex, NEPTUN-Erhebung, Umfrage Produktionstechnik, integrierter Pflanzenschutz, Nationaler Aktionsplan

Abstract

Occurrence of foliar diseases and harmful insects as well as fungicide and insecticide use in sugar beet fields varied in the last decades. This study characterised and analysed changes in the occurrence of harmful organisms and in fungicide and insecticide strategies on regional and national scale in Germany based on data of the Sugar Beet Cultivation-survey (1994-2010) and NEPTUN-survey - Sugar beet (2005, 2007 and 2009). On national scale, the occurrence of foliar diseases spread since 1999 from 50% to nearly the total sugar beet acreage (figure 1). Most important foliar diseases in 2009 were cercospora leaf spots and powdery mildew with 70% and 20%, respectively (table 4), whereas other foliar diseases occurred rather on regional scale. Across last 20 years, fungicide use increased from approximately 20% to 80% of the sugar beet acreage and treatment frequency increased up to three applications (table 1). The occurrence of insects varied between 30% and 70% of the acreage, but was controlled often on less than 20% (figure 2). In years with a high insect infestation, like 1994, 2008 and 2009, control of insects increased, too. Generally, aphids were the main drivers in insecticide applications (table 5). The number of fungicides and insecticides used per treatment varied close to 1.0 (table 1). Treatment index and treatment frequency varied since 2005 between 0.5 to 0.9 and 0.1 to 0.2 for fungicides and insecticides, respectively. However, treatment index per treatment of fungicides and insecticides was close to 1.0 (figure 3). In fields of exemplary regions in the north, west and south, the occurrence of harmful organisms were specified and compared with the used fungicide and insecticide strategies. In 2009, strategies differed in application time and treatment frequency, varying from 0.9 in the North to 2.2 in the South and 0.0 in the South to 0.5 in the North for fungicides and insecticides, respectively (table 4 and 5). Treatment index per treatment was close to 1.0. This and the differences in application time clarify the importance of resistance management and threshold systems in line with the integrated pest management in sugar beet cultivation.

Key words: treatment index, NEPTUN-survey, Sugar Beet Cultivation-survey, integrated pest management, national action plan

1 Einleitung

Der frühste Anbau von Rüben zur Zuckerproduktion wird auf das Jahr 1784 datiert (KOLBE, 1985). Zuckerrüben gehören damit zu den jüngeren Kulturgewächsen mit bedeutsamem Anbauumfang. Es etablierten sich jedoch frühzeitig Krankheiten und Schädlinge im Anbau. Bereits 1799 wies ACHARD (1803) auf Schädlingsbefall mit Reitwürmern/Maulwurfsgrillen hin. Allgemein wiesen Bodenschädlinge zu jener Zeit das größte Schadvermögen auf. Vor allem Drahtwürmer, Engerlinge, Erdraupen und Maulwurfsgrillen verursachten große Schäden und konnten nur durch Handarbeit bekämpft werden. Das Auftreten des Moosknopfkäfers als Schädling in Zuckerrüben wurde erstmals 1831 durch MARQUART (1831) und der Rübenfliege 1847 durch CURTIS (1847) beschrieben. Bereits 1859 wurden die Rüben-Nematoden als Verursacher der Rübenmüdigkeit entdeckt (SCHACHT, 1859). Auf diese wird im Folgenden auf Grund der ausschließlich biologischen Regulierung nicht weiter eingegangen. Ein kulturübergreifendes, starkes Auftreten von Blattläusen 1911 forcierte die Suche nach neuen Möglichkeiten der aktiven Regulierung von Schaderregern. In dieser Zeit wurde erstmalig der Einsatz verschiedener chemischer Detergenzien zur gezielten Regulierung der Blattläuse beschrieben. Neben dem Einsatz von Schmierseifenlösung (STÖRMER und MORGENTHALER, 1911) wurde Tabakseifenbrühe appliziert (SCHANDER, 1912). Insektizide mit ausreichend sicherer Wirkung waren jedoch erst ab 1945 verfügbar. Die Applikation von Phosphorsäureester ermöglichte ab 1948 eine deutlich bessere Regulierung der verschiedenen Schadinsekten (SCHRADER, 1956). Rübenblattwanzen verursachten 1949 die starke Verbreitung der Kräuselkrankheit, die durch eine mehrfache insektizide Rand- oder Ganzflächenbehandlung eingedämmt wurde (KOLBE, 1985). Durch die Vektoren grüne Pfirsichblattlaus und schwarze Rübenblattlaus kam es ab 1947 verstärkt zu der Übertragung von Vergilbungskrankheiten. Eine erfolgreiche Vektorenbekämpfung gelang jedoch erst ab 1952 mit der Einführung der Organophosphate, der ersten systemischen Insektizide.

Mit der Einführung von genetisch monogermen und pilliertem Saatgut erfolgte eine insektizide und fungizide Saatgutbehandlung. Die Wirkstoffe Thiram und Carbofuran sorgten für einen ausreichenden Schutz gegen Wurzelbranderreger und Schadinsekten, die sonst nicht sicher reguliert werden konnten (KOLBE, 1985). Dadurch waren flächige Mehrfachbehandlungen mit Insektiziden in der Jugendentwicklung überflüssig geworden und werden auch im heutigen Rübenanbau selten appliziert (ROSSBERG et al., 2010).

Blattkrankheiten traten häufig im späteren Verlauf der Rübenentwicklung auf. Als Blattkrankheiten wurden im beginnenden 19. Jahrhundert erstmals die Blattdürre

(KOPPY, 1810) und der Rübenrost (KÜHN, 1858) aufgeführt. Die Cercospora-Blattfleckenkrankheit wurde erstmals 1815 beschrieben (KOLBE, 1985) und ist bis heute die wirtschaftlich bedeutendste Blattkrankheit in Zuckerrüben. Das Auftreten von falschem Mehltau wurde erstmals 1859 durch SCHACHT (1859) und die Ramularia-Blattfleckenkrankheit ab 1897 beschrieben, jedoch gab es für Blattkrankheiten keine Regulierungsmöglichkeiten. In der Mitte des 20. Jahrhunderts kommt es zum vermehrten Auftreten von echtem Mehltau. Durch die zunehmende Verbreitung von Cercospora-Blattflecken nahm in den letzten 30 Jahren der Einsatz von Fungiziden stetig zu (HILLE, 1988; ROSSBERG et al., 2010; BUHRE et al., 2011b). Im Vergleich zwischen den Wirkstoffbereichen weist der Herbizideinsatz die höchste Intensität auf, gefolgt von Fungiziden und Insektiziden (ROSSBERG et al., 2010).

Zunehmendes Interesse am Pflanzenschutzmitteleinsatz seitens der Gesellschaft führte zur Einführung von Aktionsplänen mit den Zielen der Steigerung von Transparenz und Reduktion der potentiellen Risiken des Pflanzenschutzmitteleinsatzes in Deutschland (BMVEL, 2004; BMELV, 2008). Unterstützt durch die EU-Richtlinie 2009/128/EG (ANONYMUS, 2009) werden zukünftig alle EU-Mitgliedsstaaten verpflichtet, ebenfalls Aktionspläne zur Anwendung von Pflanzenschutzmittel zu erstellen. Neben der Bewertung der Intensität des Pflanzenschutzmitteleinsatzes können anhand der erhobenen Daten Pflanzenschutzmittelstrategien abgeleitet werden. Dadurch wird es erstmalig möglich, das Auftreten von Krankheiten und Schaderregern in Bezug zu den jeweiligen Pflanzenschutzstrategien flächendeckend zu dokumentieren und zu interpretieren.

Ziel dieser Arbeit war daher eine Analyse (i) des Auftretens von Blattkrankheiten und Schadinsekten im Zuckerrübenanbau in Deutschland und (ii) von Fungizid- und Insektizidstrategien auf nationaler und regionaler Ebene zu deren Regulierung. Dafür wurden zwei Datensätze genutzt. Die Expertenschätzung "Umfrage Produktionstechnik im Zuckerrübenanbau 1994-2010" lieferte Kennzahlen zum Auftreten und der Regulierung von Schaderregern auf Ebene der Einzugsgebiete der Zuckerfabriken (BUHRE et al., 2011a). Die "NEPTUN-Erhebungen - Zuckerrübe" 2005, 2007 und 2009 stellten schlagspezifische Informationen auf regionaler Ebene für ganz Deutschland bereit (ROSSBERG et al, 2010). Zusätzlich sollten Strategien zum integrierten Pflanzenschutz im Kontext des Nationalen Aktionsplanes zur nachhaltigen Anwendung von Pflanzenschutzmitteln (NAP) aufgezeigt werden.

2 Material und Methoden

2.1 Datenerfassung

Das Auftreten von Blattkrankheiten und Schadinsekten sowie deren Bekämpfung wurde aus Daten der Umfrage Produktionstechnik im Zuckerrübenanbau des Instituts für Zuckerrübenforschung, Göttingen, erfasst. Diese Umfrage wurde jährlich seit 1994 auf Ebene der Zuckerrübeneinzugsgebiete in Deutschland durchgeführt und lieferte Informationen zu Vorfrüchten, Aussaat, Bodenbearbeitung, Pflanzenschutz, Auftreten von Blattkrankheiten und Schaderregern und zur Ernte von Zuckerrüben. Die Ergebnisse der Umfrage basierten zum Teil auf Schätzungen der Anbauberater der Zuckerfabriken und weiteren Experten. Aggregiert und über die Anbaufläche je Zuckerfabrik gewichtet konnten Ergebnisse für den gesamten Zuckerrübenanbau Deutschlands abgebildet werden. Detailliertere Informationen zur Umfrage Produktionstechnik liefern MERKES et al. (1996 und 2001) und BUHRE et al. (2011a).

Aus der NEPTUN-Erhebung Zuckerrüben (Netzwerk zur Ermittlung der Pflanzenschutzmittelanwendung in unterschiedlichen, landwirtschaftlich relevanten Naturräumen Deutschlands) wurden Informationen zum Pflanzenschutzmitteleinsatz auf Betriebsebene erfasst. Diese Erhebung wurde in den Jahren 2005, 2007 und 2009 vom Julius Kühn-Institut, Kleinmachnow, in Zusammenarbeit mit dem Institut für Zuckerrübenforschung durchgeführt. Jährlich wurden etwa 500 Betriebe mit je etwa 1000 Schlägen erfasst. Die NEPTUN-Erhebung war in Erhebungsregionen Ackerbau (ERA) untergliedert, aus denen Daten von mindestens 30 Betrieben je ERA vorlagen. Es wurden die Parameter Behandlungszeitpunkt, eingesetzte Pflanzenschutzmittel, Aufwandmenge und behandelte Fläche je Schlag erfasst. Detailliertere Informationen liefern die jeweiligen NEPTUN-Berichte (ROSSBERG et al., 2006; ROSSBERG et al., 2008; ROSSBERG et al., 2010).

2.2 Datenauswertung

Das Auftreten von Blattkrankheiten wurde seit 1999 und deren Bekämpfung seit 1994 aus Daten der Umfrage Produktionstechnik erfasst und für die Bekämpfung in 2005, 2007 und 2009 mit Daten aus der NEPTUN-Erhebung erweitert. Neben der insgesamt behandelten Fläche erfolgte eine weitere Unterteilung nach der Behandlungshäufigkeit.

Das Auftreten und die Bekämpfung von Schadinsekten wurde seit 2004 bzw. 1994 aus Daten der Umfrage Produktionstechnik erfasst und in 2005, 2007 und 2009 mit Daten aus der NEPTUN-Erhebung erweitert. Eine Unterteilung nach Behandlungshäufigkeit erfolgte nur aus den Daten der NEPTUN-Erhebung.

Die Applikationen von Fungiziden und Insektiziden wurde aus den Daten der NEPTUN-Erhebung abgeleitet. Auf Basis der Einzelschläge wurde das arithmetische Mittel des Behandlungstermins und der Anzahl eingesetzter Pflanzenschutzmittel je Applikation für die erste bis dritte Applikation gebildet.

Der Behandlungsindex (BI) von Fungiziden und Insektiziden wurde in der Periode von der Ernte der Vorfrucht bis zur Ernte der Zuckerrüben aus den Daten der NEPTUN-Erhebung berechnet (1). Er beschreibt die Intensität des Pestizideinsatzes als die Anzahl und Menge eingesetzter Pflanzenschutzmittel pro Flächeneinheit bezogen auf die zugelassene Aufwandmenge (ROSSBERG et al., 2002). Der Behandlungsindex stellte dabei das arithmetische Mittel der errechneten BI aller Schläge jedes Betriebes dar. Die Berechnung des "Behandlungsindex je Applikation" hingegen berücksichtigte nur den Behandlungsindex der Schläge, auf denen tatsächlich Fungizide oder Insektizide eingesetzt wurden und führte somit zu höheren Werten.

$$\text{Behandlungsindex} = \sum \left(\frac{\text{Aufwandmenge}}{\text{zugelassene Aufwandmegen}} * \frac{\text{behandelte Fläche}}{\text{gesamte Fläche}} \right) \quad \textbf{(1)}$$

Die Behandlungshäufigkeit (BH) ist durch die Anzahl durchgeführter Applikationen auf einem Schlag definiert (2), wobei teilflächenspezifische Applikationen durch Nutzung eines Flächenkoeffizienten berücksichtigt werden.

$$\text{Behandlungshäufigkeit} = \sum \left(\text{Anzahl Behandlungen} * \frac{\text{behandelte Fläche}}{\text{gesamte Fläche}} \right) \quad \textbf{(2)}$$

Die Aufwandmengen der Applikationen von Fungiziden und Insektiziden der Daten der NEPTUN-Erhebungen wurden in vier verschiedene Klassen der Dosisreduktion > 75 %, 50-75 %, 25-50 % und < 25 % im Vergleich zur zugelassenen Aufwandmenge eingeteilt. Die Aufwandmengen wurden schlag-, produkt- und terminspezifisch erfasst. Es wurden insgesamt 3082 Applikationen mit unterschiedlichen Dosierungen ausgewertet, 2699 für den Wirkstoffbereich der Fungizide und 383 für Insektizide.

Die reinen Mittelkosten für die Applikationen von Fungiziden und Insektiziden wurden schlagspezifisch anhand der NEPTUN-Erhebung in €/ha berechnet. Für die Kostenberechnung wurden die jeweiligen Preise aus Pflanzenschutzmittelpreislisten der Erhebungsjahre angesetzt.

Für die Korrelation zwischen dem Aussaatzeitpunkt der Zuckerrüben und den Behandlungsindices der Applikationen von Fungiziden und Insektiziden wurden nur Schläge aus der NEPTUN-Erhebung berücksichtigt, auf denen Applikationen durchgeführt wurden. Für Fungizide ergaben sich 2101 Kombinationen von Aussaatdatum und Behandlungsindex, für Insektizide 335 Kombinationen.

Eine regionale Auswertung für 2009 wurde anhand von 3 Beispielregionen durchgeführt. Die Beispielregion 1 entsprach dabei der ERA 1001 Region Schleswig-Holstein/nördliches Niedersachsen, Beispielregion 2 der ERA 1009 Niederrheinische Bucht/Köln-Aachener Bucht und Beispielregion 3 der ERA 1017 Niederbayerisches Hügelland. Die Zuordnung der Daten der Umfrage Produktionstechnik erfolgte auf Ebene der Einzugsgebiete von Zuckerfabriken, die den Beispielregionen im Zuschnitt im Wesentlichen entsprachen.

3 Ergebnisse

Blattkrankheiten traten 1999 auf etwa 50 % der Anbaufläche auf und weiteten sich mit stärkeren Schwankungen bis 2010 auf > 70 % aus (Abb. 1). Die Bekämpfung der Blattkrankheiten wurde 1994 bis 1997 auf etwa 20 % der Anbaufläche durchgeführt. Von 1998 bis 2010 stieg die Bekämpfung auf > 60 % der Anbaufläche parallel zur befallenen Anbaufläche an. Seit 2002 hat der Anteil von Zweitbehandlungen und seit 2007 der Anteil von Drittbehandlungen deutlich zugenommen. Es zeigten sich nur geringfügige Unterschiede zwischen den beiden Datenquellen.

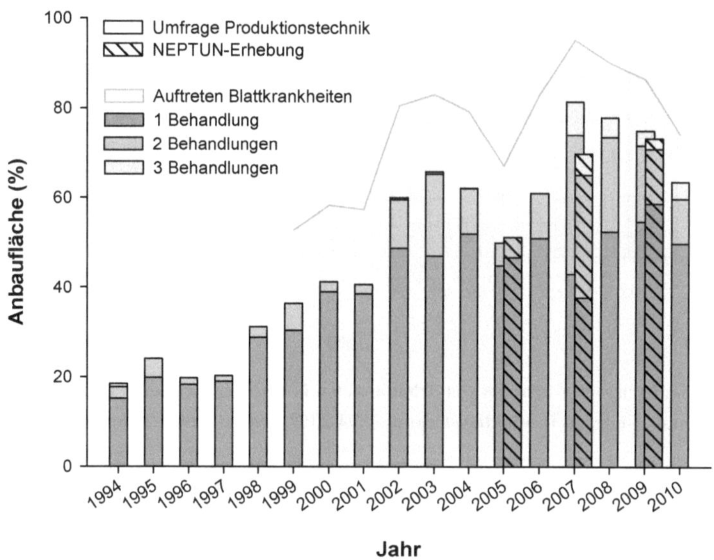

Abb. 1: Anbaufläche mit Blattkrankheiten in Zuckerrüben und deren Bekämpfung mit Fungiziden in Deutschland. Umfrage Produktionstechnik 1994-2010 und NEPTUN-Erhebung 2005, 2007 und 2009.

Figure 1: Acreage with foliar diseases in sugar beet cultivation and its regulation with fungicides in Germany. Sugar Beet Cultivation-survey 1994-2010 and NEPTUN-survey 2005, 2007 and 2009.

Das Auftreten von Schadinsekten schwankte von 2004 bis 2010 zwischen 30 % und 70 % der Anbaufläche (Abb. 2). 1994 erfolgte auf über 40 % der Anbaufläche eine Bekämpfung von Schadinsekten, danach bis 2003 in der Regel auf weniger als 20 %. Die Bekämpfung von Schadinsekten erfolgte von 2004 bis 2010 parallel zum Auftreten auf etwa 10 % bis maximal 30 % der Anbaufläche. Im Jahr 2009 konnte eine leichte Diskrepanz von etwa 10 % zwischen den beiden Datenquellen festgestellt werden.

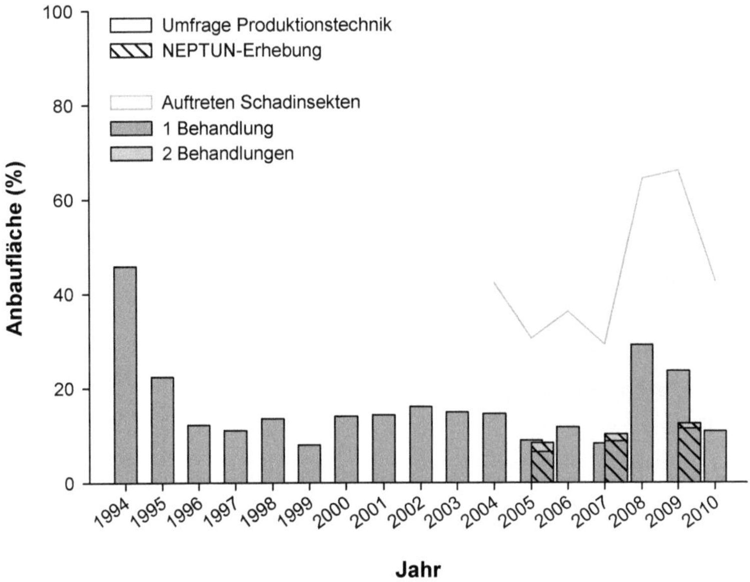

Abb. 2: Anbaufläche mit Auftreten von Schadinsekten in Zuckerrüben und deren Bekämpfung in Deutschland. Umfrage Produktionstechnik 1994-2010 und NEPTUN-Erhebung 2005, 2007 und 2009.

Figure 2: Acreage with harmful insects in sugar beet cultivation and its regulation with insecticides in Germany. Sugar Beet Cultivation-survey 1994-2010 and NEPTUN-survey 2005, 2007 and 2009.

Die erste Applikation von Fungiziden erfolgte im Mittel zwischen dem 24. Juli und dem 8. August, die zweite zwischen dem 11. August und dem 25. August, und die dritte zwischen dem 21. August und dem 31. August (Tab. 1). In 2005 erfolgten maximal zwei Applikationen, 2007 und 2009 maximal 3, jedoch auf nur 5 % bzw. 2 % der Schläge. In allen Jahren wurden mit der ersten Applikation im Mittel 1,1 Fungizide ausgebracht, spätere Applikationen erfolgten mit 1,0 Fungiziden. Von 2005 bis 2009 stieg der Anteil behandelter Schläge von 52 % auf 73 %.

Tab. 1: Applikationen von Fungiziden und Insektiziden im Zuckerrübenanbau in Deutschland. NEPTUN-Erhebung 2005, 2007 und 2009, n = 3082.

Table 1: Application of fungicides and insecticides in sugar beet cultivation in Germany. NEPTUN survey 2005, 2007 and 2009, n = 3082.

		Fungizide			Insektizide	
Jahr	**Applikation**	**1.**	**2.**	**3.**	**1.**	**2.**
2005	Datum (Ø)	8. Aug.	25. Aug.	-	13. Jun.	1. Jul.
	Anzahl PSM (Ø)	1,1	1,0	-	1,1	1,4
	Behandelte Schläge	52 %	5 %	0 %	8 %	2 %
2007	Datum (Ø)	24. Jul.	15. Aug.	31. Aug.	10. Jun.	4. Aug.
	Anzahl PSM (Ø)	1,1	1,0	1,0	1,1	1,0
	Behandelte Schläge	70 %	32 %	5 %	10 %	1 %
2009	Datum (Ø)	25. Jul.	11. Aug.	21. Aug.	20. Jun.	2. Jul.
	Anzahl PSM (Ø)	1,1	1,0	1,0	1,2	1,1
	Behandelte Schläge	73 %	15 %	2 %	12 %	1 %

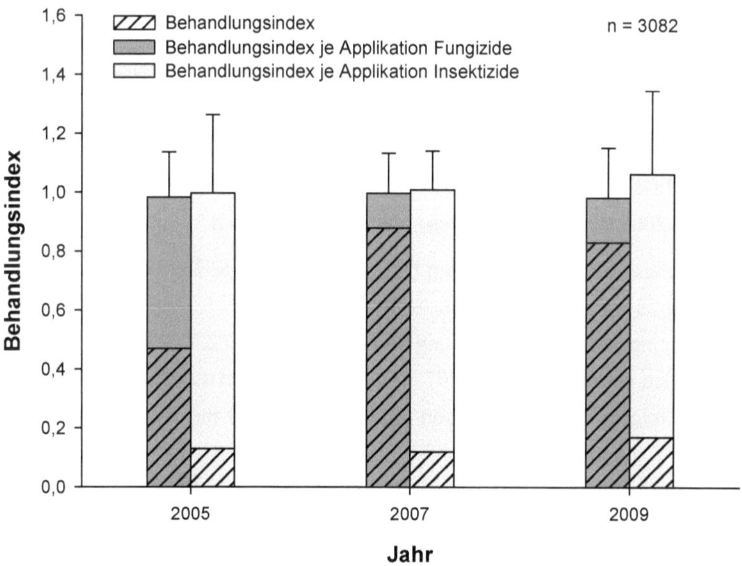

Abb. 3: Behandlungsindex und Behandlungsindex je Applikation von Fungiziden und Insektiziden im Zuckerrübenanbau in Deutschland. NEPTUN-Erhebung 2005, 2007 und 2009.

Figure 3: Treatment index and treatment index per treatment of fungicides and insecticides in sugar beet cultivation in Germany. NEPTUN-survey 2005, 2007 and 2009.

Tab. 2: Dosisreduktion im Vergleich zur zugelassenen Aufwandmenge von Pflanzenschutzmitteln für die Applikation von Fungiziden und Insektiziden im Zuckerrübenanbau in Deutschland. Groß- und Kleinbuchstaben kennzeichnen signifikante Unterschiede innerhalb und zwischen den Klassen der Dosisreduktion, NEPTUN-Erhebung 2005, 2007 und 2009, n = 3082 Applikationen, p ≤ 0,05.

Table 2: Dosage reduction compared to authorised application rate of fungicides and insecticides in sugar beet cultivation in Germany. Capital and lower case letters indicate significant differences within and between the classes of dosage reduction, respectively, NEPTUN-survey 2005, 2007 and 2009, n = 3082 applications, p ≤ 0.05.

Klassen der Dosisreduktion	Fungizide (% der Applikationen)				Insektizide (% der Applikationen)			
	2005	**2007**	**2009**	**Ø**	**2005**	**2007**	**2009**	**Ø**
> 75 %	$0{,}7^{B}$	$0{,}4^{C}$	$1{,}4^{A}$	$1{,}1^{b}$	$3{,}0^{B}$	$3{,}1^{A}$	$1{,}2^{C}$	$2{,}7^{b}$
zwischen 50-75 %	$7{,}0^{A}$	$7{,}2^{A}$	$7{,}8^{A}$	$7{,}4^{b}$	$3{,}0^{B}$	$4{,}6^{B}$	$10{,}6^{A}$	$8{,}0^{b}$
zwischen 25-50 %	$3{,}7^{C}$	$6{,}3^{A}$	$5{,}0^{B}$	$5{,}3^{b}$	$8{,}9^{A}$	$3{,}8^{B}$	$2{,}5^{C}$	$6{,}5^{b}$
< 25 %	$88{,}6^{A}$	$86{,}1^{A}$	$85{,}8^{A}$	$86{,}7^{a}$	$85{,}2^{A}$	$88{,}5^{A}$	$85{,}7^{A}$	$86{,}4^{a}$
$\sum$	100	100	100		100	100	100	

Die erste Applikation mit Insektiziden erfolgte im Mittel zwischen dem 10. Juni und 20. Juni, die zweite zwischen dem 1. Juli und dem 4. August. Es wurden maximal zwei Applikationen auf ≤ 2 % der Schläge durchgeführt. In allen Jahren und Applikationen wurden im Mittel 1,1 bis 1,4 Insektizide ohne Tendenz einer Zuordnung eingesetzt. Von 2005 bis 2009 stieg der Anteil behandelter Schläge von 8 % auf 12 %.

Der Behandlungsindex von Fungiziden betrug 2005 etwa 0,5, 2007 etwa 0,9 und 2009 etwa 0,8 (Abb. 3). Der durchschnittliche Behandlungsindex je Applikation lag bei je etwa 1,0 mit einer Standardabweichung von etwa 0,1 bis 0,2. Der Behandlungsindex von Insektiziden betrug 2005 und 2007 etwa 0,1 und 2009 etwa 0,2. Der durchschnittliche Behandlungsindex je Applikation lag bei je etwa 1,0 mit einer Standardabweichung von etwa 0,1 bis 0,3.

Eine Dosisreduktion < 25 % von Fungiziden und Insektiziden erfolgte im Mittel der Jahre in mehr als 85 % der Applikationen (Tab. 2). Eine Dosisreduktion zwischen 25-50 % und 50-75 % erfolgten in etwa 3 % bis 11 % der Applikationen, und eine Dosisreduktion > 75 % in durchschnittlich 1 % bis 3 % der Applikationen, häufig mit signifikanten Unterschieden innerhalb der Klassen. Der Anteil der Applikationen mit einer Dosisreduktion < 25 % war im Mittel der Jahre für Fungizide und Insektizide signifikant höher als die Applikationen der übrigen Klassen.

Die durchschnittlichen Mittelkosten für Fungizide betrugen 2005 etwa 35 €/ha, 2007 48 €/ha und 2009 39 €/ha und für den Insektizideinsatz 12 €/ha, 10 €/ha und 10 €/ha (Abb. 4). Die Streuung der Kosten bewegte sich für Fungizide zwischen 10 €/ha und 125 €/ha und für Insektizide zwischen 1 €/ha und 40 €/ha.

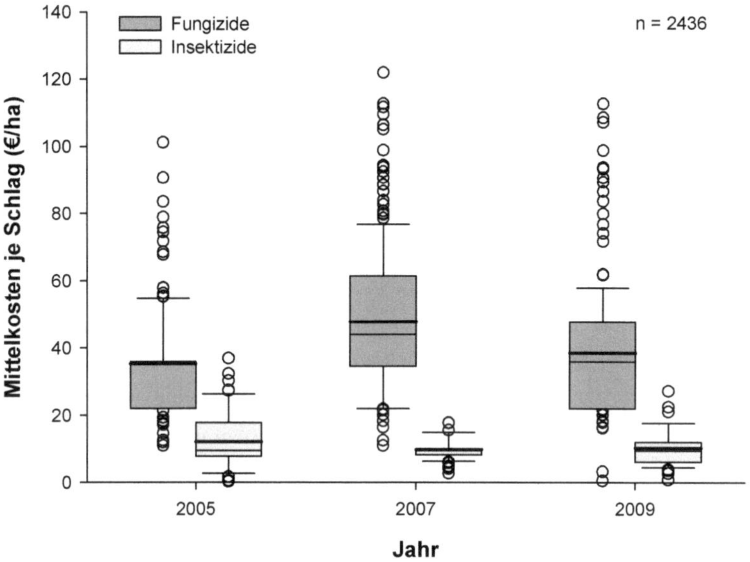

Abb. 4: Mittelkosten je Schlag für die Applikation von Fungiziden und Insektiziden im Zuckerrübenanbau in Deutschland. NEPTUN-Erhebung 2005, 2007 und 2009.

Figure 4: Costs for pesticides per field for fungicide and insecticides in sugar beet cultivation in Germany. NEPTUN-survey 2005, 2007 and 2009.

Das Bestimmtheitsmaß und die Steigung der Geraden für die Korrelation zwischen dem Aussaatzeitpunkt und der Höhe des Behandlungsindex waren sehr gering und nur das r^2 in 2005 für Fungizide signifikant (Tab. 3).

Tab. 3: Korrelation zwischen Aussaatzeitpunkt und Behandlungsindex von Fungiziden und Insektiziden im Zuckerrübenanbau in Deutschland. NEPTUN-Erhebung 2005, 2007 und 2009, Bestimmtheitsmaß (r^2), Steigung (a), n = 2436, p ≤ 0,05.

Table 3: Correlation between sowing time and treatment index of fungicides and insecticides in sugar beet cultivation in Germany. NEPTUN-survey 2005, 2007 and 2009, coefficient of determination (r^2), gradient (a), n = 2436, p ≤ 0.05.

	Fungizide			Insektizide		
	2005	**2007**	**2009**	**2005**	**2007**	**2009**
r^2	0,018**	0,000 n.s.	0,001 n.s.	0,005 n.s.	0,005 n.s.	0,008 n.s.
a	0,005	0,001	0,004	0,002	0,005	0,006

Blattkrankheiten traten durchschnittlich auf etwa 86 % der Schläge auf (Tab. 4). In den Beispielregionen traten sie auf nahezu der gesamten Anbaufläche auf. Cercospora-Blattflecken war mit durchschnittlich 71 % in allen Einzugsgebieten die verbreiteteste Blattkrankheit, gefolgt von Mehltau mit 18 %, Rost mit 4 % und Ramularia-Blattflecken mit 3 %. Auch in den Beispielregionen bestätigte sich diese Reihenfolge, jedoch wiesen 41 % der Anbaufläche in Beispielregion 1 Rostbefall auf und 100 % in Beispielregion 3 Cercospora-Blattflecken. Im Mittel wurden auf 75 % aller Schläge Fungizide appliziert. Dies ergab eine durchschnittliche Behandlungshäufigkeit von etwa 0,8. In den Beispielregionen variierte der Anteil behandelter Schläge zwischen 88 % und 99 %, mit einer Behandlungshäufigkeit zwischen 0,9 und 2,2. Im Mittel erfolgten die Applikationen zwischen dem 25. Juli und dem 21. August. Nur in Beispielregion 3 wurden die erste Applikation früher und die dritte Applikation später durchgeführt. In der Regel wurden 1,1 Pflanzenschutzmittel je Applikation eingesetzt. In den Beispielregionen wurden überwiegend 1,0 Pflanzenschutzmittel appliziert, mit Ausnahme von Beispielregion 2, in der zur ersten Applikation 1,2 Pflanzenschutzmittel eingesetzt wurden. Der Behandlungsindex betrug im Mittel 0,83 und variierte zwischen den Beispielregionen von 0,94 bis 2,20. Der Behandlungsindex je Applikation hingegen betrug im Mittel aller Schläge und in den Beispielregionen etwa 1,0. Die Mittelkosten für Fungizide beliefen sich durchschnittlich auf etwa 39 €/ha, und variierten zwischen den Beispielregionen von 27 bis 68 €/ha. Eine Dosisreduktion < 25 % von Fungiziden erfolgte 2009 im Mittel aller Schläge in mehr als 85 % der Applikationen und variierte zwischen den Beispielregionen von 80 % bis 99 %. Eine Dosisreduktion zwischen 25-50 % im Mittel aller Schläge erfolgte in etwa 5 % und zwischen 50-75 % in etwa 8 % der Applikationen. In den Beispielregionen traten diese Dosisreduktionen zwischen 0 % und 17 % auf.

Tab. 4: Kennzahlen von Fungizidstrategien für Erhebungsregionen (ERA) und drei Beispielregionen in Deutschland. Groß- und Kleinbuchstaben kennzeichnen signifikante Unterschiede innerhalb und zwischen den Klassen der Dosisreduktion, Umfrage Produktionstechnik 2009 und NEPTUN-Erhebung 2009, p ≤ 0,05.

Table 4: Key figures of fungicide strategies on national and regional scale in Germany. Capital and lower case letters indicates significant differences within and between the classes of dosage reduction, respectively, Sugar Beet Cultivation-survey 2009 and NEPTUN-survey 2009, p ≤ 0.05.

	Deutschland Gesamt			Beispielregion[1]		
	Ø aller Schläge	**ERA min[2]**	**ERA max[2]**	**1**	**2**	**3**
Auftreten Blattkrankheiten[3]	86 %	45 %	100 %	100 %	96 %	100 %
Cercospora-Blattflecken	71 %	20 %	100 %	67 %	76 %	100 %
Mehltau	18 %	0 %	65 %	22 %	19 %	-
Rost	4 %	0 %	37 %	41 %	2 %	-
Ramularia-Blattflecken	3 %	0 %	10 %	3 %	3 %	-
Bekämpfung Blattkrankheiten[3]	75 %	25 %	99 %	88 %	90 %	99 %
Behandlungshäufigkeit	0,8	0,2	2,2	0,9	1,0	2,2
Termin *1. Applikation*	25. Jul.	27. Jun.	4. Aug.	24. Jul.	29. Jul.	16. Jul.
2. Applikation	11. Aug.	28. Jul.	25. Aug.	28. Jul.	25. Aug.	7. Aug.
3. Applikation	21. Aug.	5. Aug.	22. Aug.	-	-	22. Aug.
Anzahl PSM	1,1	1,0	1,3	1,0	1,2	1,0
1. Applikation	1,1	1,0	1,3	1,0	1,2	1,0
2. Applikation	1,0	1,0	1,4	1,0	1,0	1,0
3. Applikation	1,0	1,0	1,0	-	-	1,0
Behandlungsindex	0,83	0,22	2,20	0,94	1,04	2,20
Behandlungsindex je Applikation	0,98	0,85	1,05	1,00	1,05	1,01
Mittelkosten (€/ha)	39	22	68	27	46	68
Dosisreduktion im Vergleich zur zugelassenen Aufwandmenge (Anteil an Applikationen)						
> 75 %	1,4^{b}	2,7	15,8	0,0	0,0	0,0
zwischen 50-75 %	7,7^{b}	2,5	24,7	7,1^{A}	2,5^{B}	0,0
zwischen 25-50 %	5,0^{b}	0,8	16,9	3,6^{A}	16,9^{A}	0,8^{A}
< 25 %	85,8^{a}	64,5	99,2	89,3^{AB}	80,5^{B}	99,2^{A}

[1]Beispielregion 1: Entspricht ERA 1001 Schleswig-Holstein/Nördliches Niedersachsen;
Beispielregion 2: Entspricht ERA 1009 Niederrheinische Bucht/Köln-Aachener Bucht;
Beispielregion 3: Entspricht ERA 1017 Niederbayerisches Hügelland
[2]bezogen auf 15 Erhebungsregionen mit Zuckerrübenanbau (ERA)
[3]bezogen auf Anbaufläche der Einzugsgebiete der Zuckerfabriken, die den Beispielregionen im wesentlichen entsprechen

Tab. 5: Kennzahlen von Insektizidstrategien für Erhebungsregionen und drei Beispielregionen in Deutschland. Groß- und Kleinbuchstaben kennzeichnen signifikante Unterschiede innerhalb und zwischen den Klassen der Dosisreduktion, Umfrage Produktionstechnik 2009 und NEPTUN-Erhebung 2009, p ≤ 0,05.

Table 5: Key figures of insecticide strategies on national and regional scale in Germany. Capital and lower case letters indicates significant differences within and between the classes of dosage reduction, respectively, Sugar Beet Cultivation-survey 2009 and NEPTUN-survey 2009, p ≤ 0.05.

	Deutschland Gesamt			Beispielregion[1]		
	Ø aller Schläge	ERA min[2]	ERA max[2]	1	2	3
Auftreten Schadinsekten[3]	66 %	7 %	100 %	60-72 %	56-90 %	35-40 %
Blattläuse	47 %	5 %	100 %	60 %	56 %	35 %
Gammaeule	10 %	0 %	100 %	-	27 %	5 %
Moosknopfkäfer	5 %	0 %	43 %	-	-	-
Rübenfliege	4 %	0 %	30 %	12 %	7 %	-
Bekämpfung Schadinsekten[3]	22-24 %	1-2 %	70 %	34-36 %	12-18 %	10 %
Behandlungshäufigkeit	0,2	0,0	0,5	0,5	0,1	0,0
Termin *1. Applikation*	20. Jun.	27. Mai.	18. Jul.	2. Jun.	18. Jul.	-
2. Applikation	2. Jul.	14. Mai.	29. Jul.	1. Jul.	-	-
Anzahl PSM	1,2	1,0	1,6	1,1	1,0	-
1. Applikation	1,2	1,0	1,6	1,2	1,0	-
2. Applikation	1,1	1,0	2,0	1,0	-	-
Behandlungsindex	0,17	0,00	0,57	0,57	0,14	-
Behandlungsindex je Applikation	1,06	0,91	1,22	1,13	1,00	-
Mittelkosten (€/ha)	10	0	14	14	7	-
Dosisreduktion im Vergleich zur zugelassenen Aufwandmenge (Anteil an Applikationen)						
> 75 %	1,2[b]	7,7	9,1	0,0	0,0	0,0
zwischen 50-75 %	10,6[b]	15,4	25,0	0,0	0,0	0,0
zwischen 25-50 %	2,5[b]	6,7	9,1	0,0	0,0	0,0
< 25 %	85,7[a]	63,6	100,0	100,0[A]	100,0[A]	0,0

[1]Beispielregion 1: Entspricht ERA 1001 Schleswig-Holstein/Nördliches Niedersachsen;
Beispielregion 2: Entspricht ERA 1009 Niederrheinische Bucht/Köln-Aachener Bucht;
Beispielregion 3: Entspricht ERA 1017 Niederbayerisches Hügelland
[2]bezogen auf 15 Erhebungsregionen mit Zuckerrübenanbau (ERA)
[3]bezogen auf Anbaufläche der Einzugsgebiete der Zuckerfabriken, die den Beispielregionen im Wesentlichen entsprechen

Höhere Dosisreduktionen wurden im Mittel aller Schläge für etwa 1 % der Applikationen festgestellt, erfolgten jedoch nicht in den Beispielregionen.

Schadinsekten traten durchschnittlich auf etwa 66 % der Schläge auf (Tab. 5). In den Beispielregionen variierte ihr Auftreten von 35 % bis 90 % der Anbaufläche. Die Blattläuse waren mit durchschnittlich 47 % in allen Einzugsgebieten am weitesten verbreitet, gefolgt von der Gammaeule mit 10 %, Moosknopfkäfer mit 5 % und der Rübenfliege mit 4 %. In den Beispielregionen bestätigte sich diese Reihenfolge für die Blattläuse und Gammaeule, jedoch trat der Moosknopfkäfer nicht und die Rübenfliege in Beispielregion 1 und 2 auf 12 % bzw. 7 % auf. Im Mittel wurden auf 22 % bis 24 % aller Schläge Insektizide appliziert. Dies ergab eine durchschnittliche Behandlungshäufigkeit von etwa 0,2. In den Beispielregionen variierte der Anteil behandelter Schläge zwischen 10 % und 36 %, mit einer Behandlungshäufigkeit zwischen 0,0 und 0,5. Im Mittel erfolgten die Applikationen zwischen dem 20. Juni und dem 2. Juli. In Beispielregion 1 wurde die erste Applikation bereits am 2. Juni durchgeführt. In Beispielregion 2 erfolgte die erste Applikation am 18. Juli, eine zweite Applikation wurde nicht durchgeführt. In Beispielregion 3 wurden keine Insektizide appliziert. In der Regel wurden 1,2 Pflanzenschutzmittel je Applikation eingesetzt. In den Beispielregionen wurden überwiegend 1,0 bis 1,1 Pflanzenschutzmittel appliziert. Der Behandlungsindex betrug im Mittel 0,17 und variierte zwischen den Beispielregionen von 0,14 bis 0,57. Der Behandlungsindex je Applikation hingegen betrug im Mittel aller Schläge und in den Beispielregionen etwa 1,0. Die Mittelkosten für Insektizide beliefen sich durchschnittlich auf etwa 10 €/ha, und variierten zwischen den Beispielregionen von 7 bis 14 €/ha. Eine Dosisreduktion < 25 % von Insektizide erfolgte 2009 im Mittel aller Schläge in mehr als 85 % der Applikationen und betrug in den Beispielregionen mit Ausnahme der Beispielregion 3 100 %. Eine Dosisreduktion zwischen 25-50 % im Mittel aller Schläge erfolgte in etwa 3 % und zwischen 50-75 % in etwa 11 % der Applikationen. In den Beispielregionen traten diese Dosisreduktionen nicht auf. Höhere Dosisreduktionen wurden im Mittel aller Schläge für etwa 1 % der Applikationen festgestellt, erfolgten jedoch nicht in den Beispielregionen.

4 Diskussion

Das differenzierte Auftreten von Blattkrankheiten und Schadinsekten erfordert spezifische Regulierungsmaßnahmen durch Fungizide und Insektizide, die bisher nicht umfassend beschrieben worden sind, aber im Rahmen des Nationalen Aktionsplan zur nachhaltigen Anwendung von Pflanzenschutzmitteln (NAP) (BMELV, 2008) transparent dokumentiert werden müssen. Ziel dieser Arbeit war daher eine Analyse (i) des Auftretens von Blattkrankheiten und Schadinsekten im Zuckerrübenanbau in Deutschland und (ii) von Fungizid- und Insektizidstrategien auf nationaler und regionaler Ebene zu deren Regulierung. Dafür wurden Daten aus zwei verschiedenen Ansätzen genutzt. Die Expertenschätzung "Umfrage Produktionstechnik im Zuckerrübenanbau 1994-2010" lieferte Kennzahlen zum Auftreten und der Regulierung von Schaderregern auf Ebene der Zuckerrübeneinzugsgebiete (BUHRE et al., 2011a). Die "NEPTUN-Erhebungen - Zuckerrübe" 2005, 2007 und 2009 stellten schlagspezifische Informationen auf regionaler Ebene für ganz Deutschland bereit (ROSSBERG et al, 2010). Zusätzlich sollten Strategien zum integrierten Pflanzenschutz im Kontext des NAP aufgezeigt werden. Zur Methodik und Bewertung siehe VASEL et al. (2012).

4.1 Auftreten von Blattkrankheiten

Blattkrankheiten in Zuckerrüben haben sich seit den 1990er Jahren in Deutschland verstärkt ausgebreitet. Diese ehemals primär in Süddeutschland auftretenden Krankheiten sind nun bundesweit vorzufinden. Den größten Anteil hatten nach BUHRE et al. (2011b) die Cercospora-Blattflecken, *Cercospora beticola*, mit etwa 80 % befallener Anbaufläche, die Verluste im bereinigten Zuckerertrag von 10 % bis > 30 % verursachen können (WOLF et al., 1995; KAISER et al., 2007). Weitere pilzliche Schaderreger, wie der echte Mehltau, *Erysiphe betae*, traten auf etwa 20 % der Anbaufläche auf (BUHRE et al., 2011b), verursachen im Vergleich jedoch geringere Ertragsausfälle von bis zu 20 % (BRENDLER et al., 2008). Rübenrost, *Uromyces betae* und Ramularia-Blattflecken, *Ramularia beticola*, traten meistens auf < 10 % der Anbaufläche auf (BUHRE et al., 2011b) und haben eine geringere wirtschaftliche Bedeutung (BRENDLER et al., 2008). Das Auftreten und die Epidemiologie von Blattkrankheiten werden nach RACCA et al. (2002) überwiegend durch die Witterung beeinflusst. Die Bodenbearbeitung eines Schlages hat für den Befall mit Cercospora hingegen keinen nachweisbaren Einfluss (PRINGAS und MÄRLÄNDER, 2004). Die entscheidenden Parameter, die die Infektionsrate der Blattkrankheiten beeinflussen, sind die Temperatur und die relative Luftfeuchte (RACCA et al., 2002). Nach GUMMERT et al. (2011), beschränken sich direkte Regulierungsmaßnahmen beim Auftreten und Erreichen der Bekämpfungsschwellen auf den Einsatz von Fungiziden. Durch Monitoring und die Anwendung des summarischen Bekämpfungsschwellensystems (LANG, 2005) kann dabei der Einsatz von Fungiziden auf das notwendige Maß reduziert werden (GUMMERT et al., 2011; VASEL et al., 2012). Die Wahl von weniger anfälligen Sorten als vorbeugende Maßnahme kann jedoch zur Ertragssicherung in Befallsgebieten beitragen (GUMMERT et al., 2011). Dadurch besteht die Möglichkeit Applikationen einzusparen (KAISER et al., 2007), wie es im NAP gefordert wird (BMELV, 2008). Wegen der zunehmenden Bedeutung von Blattkrankheiten wurden seit 2001 die Wertprüfungen des Bundessortenamtes und seit 2003 die anschließenden Sortenversuche zweifaktoriell (Sorte, Fungizid) durchgeführt, welches eine gezielte Berücksichtigung blattgesünderer Sorten für die Sortenzulassung ermöglicht (MANTHEY und LADEWIG, 2009).

Die fungizide Saatgutbehandlung ist eine wichtige Maßnahme in der Saatgutproduktion, die vor allem Auflaufkrankheiten wie unter anderem Wurzelbrand, *Phytium ultimum*, sicher kontrolliert. Sie hat jedoch keine Auswirkung auf das Auftreten der oben aufgeführten Blattkrankheiten. Einer frühen Aussaat von Zuckerrüben stand daher im Sinne des integrierten Pflanzenschutzes kein Mehraufwand im Bereich Fungizide und somit höherer Mittelkosten gegenüber.

4.2 Nationale Strategien zur Regulierung von Blattkrankheiten

Der Anteil an behandelten Schlägen, bzw. behandelter Anbaufläche, verblieb bisher in jedem Jahr unterhalb der befallenen Anbaufläche, welches für die erfolgreiche Nutzung von Bekämpfungsschwellensystemen und generell von Monitoringsystemen sprach. Dies verdeutlichten die sehr unterschiedlichen Befallsverläufe in den Jahren 2005, 2007 und 2009. Eine geringere Befallshäufigkeit in 2005 führte im Vergleich zu 2007 und 2009 zu einer geringeren Behandlungshäufigkeit und insgesamt zu späteren Applikationen, jedoch blieb die Anzahl eingesetzter Fungizide je Applikation mit 1,1 bzw. 1,0 vergleichbar. Da eine Vorzüglichkeit von unterschiedlichen Fungiziden bisher kaum nachweisbar war (WOLF und VERREET, 2001; MITTLER et al., 2002; MITTLER et al., 2004) wurden diese zum Teil gemischt, unter anderem auch, um überlagerte Produkte aufzubrauchen. Jahre mit hoher und früher Befallshäufigkeit wie 2007 und 2009 machten den Einsatz von Fungiziden eher und auf deutlich mehr Schlägen erforderlich. Dies wird bedingt durch die überwiegend protektiven und weniger kurativen Eigenschaften der zugelassenen Fungizide. Um der Kultur einen ausreichenden Schutz in Jahren mit hohem Befall zu gewährleisten, wurde daher das Behandlungsintervall auf Grund des frühzeitigeren Erreichens der Schadschwellen verkürzt. Hohe Befallsstärken, späte Erntetermine, sowie verspätete Erstapplikationen (MEER-

ROHBECK, 2010) konnten daher auch zu Zweit- oder Drittapplikationen führen. Das Behandlungsmuster blieb mit einem Fungizid je Applikation jedoch ebenfalls identisch. Dies wurde generell durch den über die Jahre identischen Behandlungsindex je Applikation von im Mittel 1,0 verdeutlicht. Unterschiede im Behandlungsindex zwischen den Jahren ergaben sich somit überwiegend aus dem Anteil behandelter und unbehandelter Schläge. Im Gegensatz zum Herbizideinsatz (VASEL et al., 2012) wurden die Dosierungen von Fungiziden eher selten reduziert. 85 % der Applikationen wiesen Aufwandmengen auf, die weniger als 25 % reduziert wurden. Dies entspricht den Leitlinien des integrierten Pflanzenschutzes für den Anbau von Zuckerrüben (GUMMERT et al., 2011). Im Rahmen des Resistenzmanagements wurden dadurch mögliche Resistenzen der Blattkrankheiten gegenüber den wenigen verfügbaren fungiziden Wirkstoffen vermindert und die Wirksamkeit längerfristig gesichert. Die Einsparung einer Applikation im Wirkstoffbereich der Fungizide führte somit zu ökologischen Vorteilen aber auch ökonomischen Einsparungen von etwa 36 €/ha.

4.3 Regionale Strategien zur Regulierung von Blattkrankheiten

Während in den südlichen Anbauregionen in 2009 überwiegend Cercospora-Blattflecken von großer Bedeutung waren, traten in den nördlicheren Anbauregionen Mehltau und Rost ebenfalls verstärkt auf. Innerhalb der nördlichen Beispielregion 1 Schleswig-Holstein/Nördliches Niedersachsen, die sich durch ein starkes Auftreten aller pilzlichen Blattkrankheiten auch in Mischinfektionen auszeichnete, wurden durchschnittlich nur 0,9 Applikationen durchgeführt. Ein ähnliches Bild zeigte sich für die westliche Beispielregion 2 Niederrheinische Bucht/Köln-Aachener Bucht mit einer Behandlungshäufigkeit von 1,0. In der südlichen Beispielregion 3 Niederbayerisches Hügelland wurden 2,2 Behandlungen durchgeführt, dort dominierten Cercospora-Blattflecken auf der gesamten Anbaufläche und traten etwa 2 Wochen eher auf als im Durchschnitt. Hohe Infektionsraten und das generell frühere Erreichen der Bekämpfungsschwellen verursachten dort die höchste Behandlungshäufigkeit bei gleicher Anzahl genutzter Fungizide je Applikation. Dies spiegelte die höhere Schadenswahrscheinlichkeit der Cercospora-Blattflecken wieder, wie es u.a. von WOLF et al. (1995) beschrieben wird. Innerhalb der Beispielregionen wurden, wie auch im nationalen Durchschnitt, die Aufwandmengen der Fungizide sehr wenig bis gar nicht reduziert. Insgesamt variierten die Behandlungsmuster trotz unterschiedlicher regionaler Gegebenheiten wie Schaderregerauftreten, Klima und Witterung nur hinsichtlich des Applikationstermins und der Behandlungshäufigkeit. Daraus ergaben sich in Summe unterschiedliche Mittelkosten von 22 €/ha bis 68 €/ha. Die an den Befall angepasste Regulierung der Blattkrankheiten verdeutlichte die Umsetzung des integrierten Pflanzenschutzes und die Ausrichtung des Fungizideinsatzes anhand des notwendigen Maßes, wie es bereits WEIS (1999) postuliert hat.

4.4 Auftreten von Schadinsekten

Schadinsekten verursachen wirtschaftliche Einbußen in der Jugendentwicklung von Zuckerrüben (ANONYMUS, 2012), das Auftreten unterliegt starken, jahresbedingten Schwankungen (BUHRE et al., 2011b), aus denen bisher kein Trend abgeleitet werden konnte. Am häufigsten können Blattläuse, *Aphis fabae* oder *Myzus persicae*, in Einzeljahren auf bis zu 45 % der Anbaufläche vorkommen (BUHRE et al., 2011b). Diese können Ertragsverluste durch Saugschäden von bis zu 20 % verursachen, aber auch als Virusvektor die Viröse Vergilbung, *Beet mild yellowing virus* (BMYV), übertragen mit Ertragsverlusten von bis zu 27 % (BRENDLER et al., 2008). In Einzeljahren wie 2010 erreichte das Auftreten der Gammaeule, *Autographa gamma*, eine Anbaufläche von etwa 50 %, in der Regel traten diese jedoch auf weniger als 20 % der Anbaufläche auf (BUHRE et al., 2011b). Gammaeulen können Ertragseinbußen durch Skelettierfraß in ähnlicher Höhe wie Hagelschlag von bis zu 33 % verursachen (MITTLER et al., 2001; BRENDLER et al., 2008). Moosknopfkäfer, *Atomaria linearis*, und Rübenfliegen, *Pegomyia betae*, traten eher selten auf, können jedoch im Einzelfall schwere, nicht genauer bezifferte Ertragsverluste verursachen.

Im Vergleich zur Bekämpfung von Unkräutern (VASEL et al., 2012) und Blattkrankheiten erfolgte die Bekämpfung von Schadinsekten nur auf einem geringen Teil der Anbaufläche von etwa 10 % (ROSSBERG et al., 2010). Ein Überschreiten der artspezifischen Bekämpfungsschwellen trat im Vergleich zu den Fungiziden eher selten auf. Dies wird vor allem durch die insektizide Saatgutbehandlung erreicht, die Schäden durch beißende und saugende Insekten in der empfindlichen Jugendphase der Zuckerrüben stark reduziert. Eine Saatgutbehandlung mit Neonicotinoiden erfolgte auf 100 % der konventionell wirtschaftenden Betriebe (ROSSBERG et al., 2010). Die insektizide Saatgutbehandlung ist eine effektive und nachhaltige Maßnahme zur Reduktion des Insektizideinsatzes, da nur etwa ein Zehntel der Aufwandmenge an Insektiziden im Vergleich zur flächigen Applikation benötigt wird (DEWAR und ASHER, 1994; GUMMERT et al., 2011). Trotz geringerer Aufwandmengen wird eine vergleichbare oder bessere Wirksamkeit gegenüber Schadinsekten erreicht, die zeitlich auf 6 bis 8, maximal 12 Wochen begrenzt ist (DEWAR et al., 1996; DEWAR et al., 2001; ANONYMUS, 2012). Gleichzeitig werden Nichtziel-Organismen und die Umwelt geschont (SCHÄUFELE, 1989; DEWAR und ASHER, 1994).

Der flächige und kulturübergreifende Einsatz von Insektiziden führte zu einem stetigen Selektionsdruck hin zu resistenten Schaderregerpopulationen. Dies betraf vor allem die in vielen Kulturen auftretenden Blattläuse, insbesondere *Myzus persicae*, bei denen seit 2010 neben einer metabolischen Resistenz auch erstmals eine target-site-Resistenz gegenüber Neonicotinoiden beschrieben wurde (PUINEAN et al., 2010; BASS et al., 2011) und im Obstbau in Südfrankreich entdeckt wurde. Die Gefahr einer Resistenzentwicklung in Zuckerrüben ist hingegen als gering einzustufen, da die insektizide Saatgutbehandlung in Kombination mit flächiger Anwendung nach Schadschwellensystem im Sinne des integrierten Pflanzenschutzes eine ausreichende Sicherheit gewährleistet. Darüber hinaus sind Resistenzen bei anderen Rübenschädlingen bisher nicht bekannt.

Später Blattlausbefall und Gammaeulen sind in der Regel nicht mehr durch die Saatgutbehandlung ausreichend regulierbar. In diesen Fällen werden flächige Applikationen nach Bekämpfungsschwellen angewendet (GUMMERT et al., 2011). Generell stehen den Landwirten höhere und niedrigere Dosierungen bei der insektiziden Saatgutbehandlung zur Verfügung. Dabei beeinflusst die Höhe der insektiziden Wirkstoffkonzentration in der Pillenhüllmasse die Dauer der Wirkung. Saatgutbehandlungen mit niedrigen Wirkstoffgehalten können dort eingesetzt werden, wo die Erwartung für das bekämpfungswürdige Auftreten tierischer Schaderreger gering ist (ROSSBERG et al., 2010). Unabhängig von der Saatgutausstattung konnte kein Zusammenhang zwischen Aussaatzeitpunkt und Höhe des Behandlungsindexes festgestellt werden. Einer frühen Aussaat von Zuckerrüben stand daher im Sinne des integrierten Pflanzenschutzes kein Mehraufwand im Bereich Insektizide und somit höherer Mittelkosten gegenüber.

4.5 Nationale Strategien zur Regulierung von Schadinsekten

Das Auftreten von Schadinsekten erfolgte im Durchschnitt der letzten Jahre auf etwa 50 % der Anbaufläche, während etwa 10 % bis 20 % mit flächigen Applikationen reguliert wurden. Bei verstärktem Auftreten von Schadinsekten nach Ablauf der Wirksamkeit der Saatgutbehandlung wurden Insektizide flächig appliziert. Dies erfolgte 2005, 2007 und 2009 Mitte Juni mit einem Insektizid je Applikation. Zweitapplikationen waren nur auf 1 % der Anbaufläche notwendig, der Applikationszeitpunkt variierte im Mittel zwischen Anfang Juli und August. Eine Regulierung anderer Schadinsekten außer Blattläusen auf einer Anbaufläche > 5 % je Jahr erfolgte nur 1994 gegen Moosknopfkäfer und 2002 und 2003 gegen die Rübenfliege. Ein stärkeres Auftreten von Schaderregern, wie in den Jahren 2008 und 2009, verursachte nur vergleichsweise moderate Zunahmen der behandelten Anbaufläche. Vor allem späterer Befall benötigte häufig keine Applikation, da Schadensschwellen nur selten überschritten wurden. Generell ist die flächige Applikation von Insektiziden stark an den aktuellen Befall gebunden, da die Wirkungsdauer mit einigen Tagen bis zu wenigen Wochen sehr begrenzt ist.

Im Rahmen des Resistenzmanagements ist bei der Applikation von Insektiziden auf Grund der geringen Anzahl von Wirkstoffgruppen unbedingt auf einen gezielten Wirkstoffwechsel zu achten (ANONYMUS, 2012). Trotz unterschiedlichem Befallsbeginn und unterschiedlicher Befallshäufigkeit zwischen den Jahren, konnten identische Behandlungsmuster festgestellt werden. Im Mittel der Jahre wurde ein Behandlungsindex je Applikation von etwa 1,0 ermittelt. Die sehr geringen Unterschiede im Behandlungsindex zwischen den Jahren ergaben sich somit, wie bei den Fungiziden, aus dem Anteil behandelter und unbehandelter Schläge. Verglich man die heutigen Behandlungsmuster der Insektizide mit denen aus den 1980er Jahren, so fiel unter anderem eine deutlich geringere Behandlungshäufigkeit von etwa 0,2 im Gegensatz zu etwa 1,6 (HILLE, 1988; ROSSBERG et al., 2010) und vor allem eine deutliche Reduktion der potentiell akuten Risiken von etwa 90 % auf (REINEKE und STRASSEMEYER, 2008). Insektizide wurden heute ähnlich selten in ihrer Aufwandmenge reduziert wie Fungizide. Trotz vergleichsweise niedriger Mittelkosten von etwa 10 €/ha wurden Insektizide nur sehr selten und damit gezielt eingesetzt.

4.6 Regionale Strategien zur Regulierung von Schadinsekten

Das Auftreten und die Regulierung von Schaderregern variierte regions- und jahresspezifisch (ROSSBERG et al., 2010; BUHRE et al., 2011b). Generell trat bekämpfungswürdiges Auftreten von Schadinsekten vermehrt in Norddeutschland auf, dagegen wurde vor allem in Bayern größtenteils auf Applikationen von Insektiziden verzichtet (ROSSBERG et al., 2010). Vor allem ein späteres oder geringeres Auftreten von Schadinsekten begünstigte ein Verzicht von flächigen Applikationen von Insektiziden.

Die Beispielregionen 1, Schleswig-Holstein/Nördliches Niedersachsen und 2, Niederrheinische Bucht/Köln-Aachener Bucht wiesen in 2009 ein mit etwa 60 % bis 90 % überdurchschnittliches Auftreten und die Beispielregion 3, Niederbayerisches Hügelland mit etwa 40 % befallener Anbaufläche ein unterdurchschnittliches Auftreten von Schadinsekten auf. In allen Regionen waren die Blattläuse die dominierenden Schadinsekten. Trotz vermehrten Auftretens in der Beispielregion 2, Niederrheinische Bucht/Köln-Aachener Bucht, lag die Behandlungshäufigkeit bei nur 0,1. Beispielregion 1, Schleswig-Holstein/Nördliches Niedersachsen, hingegen wies eine höhere Behandlungshäufigkeit von 0,5 bei geringerem Auftreten vor. Dies war vor allem auf den

Befallszeitpunkt zurückzuführen, der durch den mittleren Termin der Applikation beschrieben werden konnte und in der Beispielregion 1, Schleswig-Holstein/Nördliches Niedersachsen, deutlich früher lag. Ein früher Befall der Zuckerrüben nach dem Wirkungsverlust der Saatgutbehandlung etwa ab Anfang Juni führte dabei zu niedrigeren Bekämpfungsschwellen als ein späterer Befall ab Anfang Juli.

Trotz des allgemein geringen Anteils an behandelten Schlägen von etwa 10 % wurde jahresspezifisch 1 % bis 2 % der Schläge doppelt behandelt. Dies sprach für lokale Besonderheiten, wie etwa zeitlich versetztes Auftreten oder allgemein Lagen mit starkem Befall von Schadinsekten. Späteres und oder geringeres Auftreten von Schadinsekten wirkte sich somit in einer niedrigeren Behandlungshäufigkeit aus, was im Falle der Beispielregion 3, Niederbayerisches Hügelland sogar zu einem völligen Verzicht von Insektizidapplikationen führte. Der Nutzen einer Applikation von Insektiziden würde in dieser Region die Kosten nicht decken. Wurden Applikationen durchgeführt, blieben die Behandlungsmuster relativ konstant. Die Anzahl genutzter Insektizide je Applikation und der Behandlungsindex je Applikation variierte in diesen Fällen zwischen 1,0 bis 1,2. Variationen im Behandlungsindex wurden wie schon beim Fungizideinsatz hauptsächlich durch die Behandlungshäufigkeit verursacht, da weder der Behandlungsindex je Applikation, noch die Dosisreduktion deutlichen Schwankungen unterlag. Daraus resultierten Mittelkosten, die zwischen den Regionen etwa 6 €/ha bis 14 €/ha betrugen.

4.7 Integrierter Pflanzenschutz und nationaler Aktionsplan Pflanzenschutz

Der nationale Aktionsplan zur nachhaltigen Anwendung von Pflanzenschutzmitteln fordert eine Ausrichtung auf den integrierten Pflanzenschutz (ANONYMUS, 2008). Dabei wird das Ziel verfolgt, den ökologischen, ökonomischen und sozialen Anforderungen gerecht zu werden (ANONYMUS, 2008). Die Einhaltung der Grundsätze des integrierten Pflanzenschutzes für die Applikation von Fungiziden und Insektiziden im Zuckerrübenanbau gestaltet sich ähnlich wie für Herbizide beschrieben (VASEL et al., 2012). Vor allem vorbeugende Maßnahmen, wie die Saatgutbehandlung mit Fungiziden und Insektiziden, aber auch Monitoring, direkte Bekämpfungsmaßnahmen, Begrenzung auf das notwendige Maß sowie Dokumentation sind von wesentlicher Bedeutung, wie es aus den Leitlinien des integrierten Pflanzenschutzes im Zuckerrübenanbau hervorgeht (GUMMERT et al., 2011). Resistenzvermeidungsstrategien und vor allem die Nutzung von Schwellenwertsystemen bei der Applikation von Fungiziden und Insektiziden haben im Gegensatz zur Applikation von Herbiziden eine sehr hohe Bedeutung. Nicht-chemische Maßnahmen, vor allem die Resistenz- und Toleranzzüchtung der Zuckerrübe wird beim Befall mit Rhizoctonia und Rizomania genutzt, die für Rizomania die einzige effektive Maßnahme darstellt (MÄRLÄNDER et al., 2003). Während der Einsatz von Insektiziden in den letzten Jahrzehnten vor allem durch die Saatgutbehandlung deutlich gesenkt werden konnte, gewinnen Applikationen von Fungiziden auf Grund der allgemeinen Zunahme von Blattkrankheiten immer mehr an Bedeutung. Dies wird vor allem durch die stetige Ausbreitung von Cercospora-Blattflecken deutlich, die trotz Fortschritte in der Resistenzzüchtung den größten Anteil an den Applikationen verursachen. In der Gesamtbetrachtung des Pflanzenschutzmitteleinsatzes im Zuckerrübenanbau verursachen die Herbizide mit einem Behandlungsindex von etwa 2,2 die höchste Intensität (ROSSBERG et al., 2010). Fungizide weisen mit einem BI von etwa 0,8 eine insgesamt niedrigere und Insektizide mit einem BI von etwa 0,2 eine geringe Intensität auf (ROSSBERG et al., 2010). Eine weitere Verminderung der Intensität der Fungizide und Insektizide scheint nur durch Fortschritte in der Resistenzzüchtung möglich. Der Einsatz von Molluskiziden weist einen BI von etwa 0,01 auf und ist damit als vernachlässigbar gering einzustufen. Die konsequente Umsetzung des integrierten Pflanzenschutzes wird jedoch dazu beitragen, die Gesamtintensität des Pflanzenschutzmitteleinsatzes auf das notwendige Maß zu reduzieren und somit ökologische und ökonomische Vorteile zu generieren.

Danksagung

Die Förderung des Vorhabens erfolgt aus Mitteln des Bundesministeriums für Ernährung, Landwirtschaft und Verbraucherschutz (BMELV) über die Bundesanstalt für Landwirtschaft und Ernährung (BLE) im Rahmen des Programms zur Innovationsförderung.

Literatur

ACHARD, F. C., 1803: Anleitung zum Anbau der zur Zuckerfabrication anwendbaren Runkelrüben und zur vortheilhaften Gewinnung des Zuckers aus denselben. Verlag W. G. Korn, Breslau. Nachdruck in LIPPMANN, E., 1907: Die beiden Grundschriften der Rübenzuckerfabrikation. Oswalds Klassiker Nr. 159. Verlag W. Engelmann, Leipzig.

ANONYMUS, 2009: Richtlinie 2009/128/EG des Europäischen Parlaments und des Rates vom 21. Oktober 2009 über einen Aktionsrahmen der Gemeinschaft für die nachhaltige Verwendung von Pestiziden. Amtsblatt der Europäischen Union.

ANONYMUS, 2012: Ratgeber Pflanzenbau und Pflanzenschutz 2012, Landwirtschaftskammer Nordrhein-Westfalen.

BASS, C., A. M PUINEAN, M. ANDREWS, P. CUTLER, M. DANIELS, J. ELIAS, V. LAURA PAUL, A. J. CROSSTHWHAITE, I. DENHOLM, L. M. FIELD, S. P. FOSTER, R. LIND, M. S. WILLIAMSON, R. SLATER, 2011: Mutation of a nicotinic acetylcholine receptor β subunit is associated with resistance to neonicotinoid insecticides in the aphid Myzus persicae. BioMed Central Neuroscience 12 (51), 1 – 11.

BMVEL, 2004: Reduktionsprogramm chemischer Pflanzenschutz. Bundesministerium für Verbraucherschutz, Ernährung und Landwirtschaft. Berlin, Eigenverlag.

BMELV, 2008: Nationaler Aktionsplan zur nachhaltigen Anwendung von Pflanzenschutzmitteln. Bundesministerium für Ernährung, Landwirtschaft und Verbraucherschutz. Bonn, Eigenverlag.

BRENDLER, F., B. HOLTSCHULTE, W. RIECKMANN, 2008: Zuckerrübe - Krankheiten Schädlinge Unkräuter. Verlag Th. Mann, Gelsenkirchen. 272 S.

BUHRE, C., K. BÜRCKY, F. SCHMITZ, M. SCHULTE, E. LADEWIG, 2011a: Umfrage zur Produktionstechnik im Zuckerrübenanbau – Sachstand und Trends (1994–2010). Sugar Industry 136 (10), 670–677.

BUHRE, C., P. FECKE, F. NELLES, G. SCHLINKER, E. LADEWIG, 2011b: Entwicklungen im Pflanzenschutz in Zuckerrüben aus der Umfrage Produktionstechnik im Vergleich zur Erhebung NEPTUN. Sugar Industry 136 (11), 742-749.

CURTIS, J., 1847: Observation in the natural history and economy of a weevil affecting the Pea-crops, and various insects which injure or destroy the Mangold-Wurzel and Beet. The Journal of the Royal Agricultural Society of England 8, 399-416.

DEWAR, A. M., M. J. C. ASHER, 1994: A European perspective on pesticide seed treatments in sugar beet. Pesticide Outlook, 5 (3), 11-17.

DEWAR, A. M., L. A. HAYLOCK, P. M. J. ECCLESTONE, 1996: Strategies for controlling aphids and virus yellows in sugar beet. Proceedings of Brighton Crop Protection Conference - Pests and Diseases 1, 185-190.

DEWAR, A. M., L. A. HAYLOCK, K. M. BEAN, B. H. GARNER, R. N. J. SANDS, 2001: Novel seed treatments to control aphids and virus yellows in sugar beet. BCPC Symposium Proceedings 76, 33-40.

GUMMERT, A., E. LADEWIG, P. LUKASHYK, B. MÄRLÄNDER, 2011: Leitlinien des integrierten Pflanzenschutzes im Zuckerrübenanbau. Hrsg.: Institut für Zuckerrübenforschung, Göttingen

HILLE, M., 1988: Erhebung über Art und Menge der während des Erntejahres 1987 in verschiedenen Ackerbaukulturen angewendeten Wirkstoffe von Pflanzenschutzmitteln. Mitteilungen aus der Biologischen Bundesanstalt für Land- und Forstwirtschaft. Verlag Paul Parey Berlin. 67 S.

KAISER, U., H. RÖSSNER, M. VARRELMANN, B. MÄRLÄNDER, 2007: Reaktion unterschiedlich anfälliger Zuckerrübensorten auf den Befall mit Cercospora beticola. Sugar Industry 132 (3), 183-194.

KOLBE, W., 1985: 200 Jahre Pflanzenschutz im Zuckerrübenanbau. Rheinischer Landwirtschafts-Verlag, Bonn. 104 S.

KOPPY, M., 1810: Die Runkelrüben-Zucker-Fabrikation in ökonomischer und staatswirtschaftlicher Hinsicht. Verlag Wilhelm Gottlieb Korn, Breslau und Leipzig, 93 S.

KÜHN, J., 1858: Die Krankheiten der Kulturgewächse, ihre Ursachen und ihre Verhütung. Landwirtschaftliche Verlagsbuchhandlung G. Bosselmann, 312 S.

LANG, C., 2005: Bekämpfung von Blattkrankheiten - Monitoring, Bekämpfungsschwellen und Umsetzung in der Praxis. Zuckerindustrie 130 (5), 388-396.

MANTHEY, R., E. LADEWIG, 2009: Zielrichtung des Sortenprüfsystems bei Zuckerrüben in Deutschland Zuckerindustrie 134 (3), 179-186.

MARQUART, M., 1831: Sur un insecgt coleóptère qui dévore les betteraves (Cryptophagus betae), Annales des Sciences Naturelles XXIII, 93-95.

MÄRLÄNDER, B., C. HOFFMANN, H. J. KOCH, E. LADEWIG, R. MERKES, J. PETERSEN, N. STOCKFISCH, 2003: Environmental situation and yield performance of the sugar beet crop in Germany: heading for sustainable development. Journal of Agronomy &. Crop Science 189, 201-226.

MEER-ROHBECK, M., 2010: Welche Strategie zur Bekämpfung von Blattkrankheiten ist die richtige? Zuckerrübe 4, 26-29.

MERKES, R., G. H. JUNG, H. MUGELE, K. ZIEGLER, 1996: Stand der Produktionstechnik im Zuckerrübenbau - Ergebnisse einer Umfrage bei Zuckerfabriken 1994. Sugar Industry 121, 496-504.

MERKES, R., M. KRÖHL, H. MUGELE, M. SAUER, 2001: Produktionstechnik zu Zuckerrüben im Jahr 2000 - Kostensenkung, Umweltschonung, Nachhaltigkeit. Sugar Industry 126, 804-811.

MITTLER, S., C. PRINGAS, H. J. KOCH, 2001: Ertragsverlust durch Hagel bei Zuckerrüben. Mitteilungen der Gesellschaft für Pflanzenbauwissenschaften. 13, 228-229.

MITTLER, S., J. PETERSEN, P. RACCA, E. JÖRG, 2002: Blattkrankheiten bei Zuckerrüben - Einfluss von Bekämpfungsstrategie, Sorte sowie Fungizid auf Ertrag und Qualität. Zuckerindustrie 127 (12), 941-948.

MITTLER, S., J. PETERSEN, E. JÖRG, P. RACCA, 2004: Integrierte Bekämpfung von Blattkrankheiten bei Zuckerrüben. Proceedings of the 67th IIRB Congress, Brüssel, 97-106.

PRINGAS, C., B. MÄRLÄNDER, 2004: Einfluss konservierender Bodenbearbeitung auf Ertrag, Qualität, Rentabilität und Cercosporabefall von Zuckerrüben - Ergebnisse einer Versuchsserie auf Großflächen. Pflanzenbauwissenschaften, 8, 82-90.

PUINEAN A. M., S. P. FOSTER, L. OLIPHANT, I. DENHOLM, L. M. FIELD, S. M. NEIL, M. S. WILLIAMSON, C. BASS, 2010: Amplification of a cytochrome P450 gene is associated with resistance to neonicotinoid insecticides in the Aphid *Myzus persicae*. PLOS Genetics 6, 1-11.

RACCA, P., E. JÖRG, S. MITTLER, J. PETERSEN, 2002: Blattkrankheiten bei Zuckerrüben — Prognoseansätze zur Optimierung des Fungizideinsatzes. Zuckerindustrie, 127, 949-958.

REINEKE, H., J. STRASSEMEYER, 2008: Bewertung des chemischen Pflanzenschutzes bei Zuckerrüben mit SYNOPS. Mitteilungen der Gesellschaft für Pflanzenbauwissenschaften. 19, 296-297.

ROSSBERG, D., V. GUTSCHE, S. ENZIAN, M. WICK, 2002: Neptun 2000 – Erhebung von Daten zum tatsächlichen Einsatz chemischer Pflanzenschutzmittel im Ackerbau Deutschlands. Eigenverlag, Berichte aus der Biologischen Bundesanstalt für Land- und Forstwirtschaft 98, 27 S.

ROSSBERG, D., 2006: NEPTUN 2005 – Zuckerrüben. Statistische Erhebung zur Anwendung von Pflanzenschutzmitteln in der Praxis. Eigenverlag, Berichte aus der Biologischen Bundesanstalt für Land- und Forstwirtschaft 137, 37 S.

ROSSBERG, D., E. LADEWIG, P. LUKASHYK, 2008: NEPTUN 2007 – Zuckerrüben. Eigenverlag, Berichte aus dem Julius Kühn-Institut 145, 44 S.

ROSSBERG, D., E. H. VASEL, E. LADEWIG, 2010: NEPTUN 2009 - Zuckerrübe. Eigenverlag, Berichte aus dem Julius Kühn-Institut 152, 45 S.

SCHLACHT, H., 1859: Über einige Feinde und Krankheiten der Zuckerrübe. Zeitschrift des Vereins für die Rübenzuckerindustrie im Zollverein 9, 239-250.

SCHANDER, R., 1912: Ein neuer Apparat zur Bekämpfung von Rübenschädlingen. Blätter für Zuckerrübenanbau XIX, 241-245.

SCHÄUFELE, W. R., 1989: Wirkung von Insektiziden am Saatgut im Vergleich zu insektizider Bodenbehandlung. IIRB 52. Winterkongress, Brüssel, 145-151.

SCHRADER, G., 1956: Rückschau auf zwei Jahrzehnte Phosphorchemie. Mitteilungen Biologische Bundesanstalt 85, 3-10.

STÖRMER, K., O. MORGENTHALER, 1911: Auftreten und Bekämpfung der Blattläuse an Zuckerrüben, Samenrüben und Pferdebohnen. Illustrierte Landwirtschaftliche Zeitung 31, 492-493.

VASEL, E. H., E. LADEWIG, B. MÄRLÄNDER, 2012: Weed composition and herbicide use strategies in sugar beet cultivation in Germany. Journal für Kulturpflanzen, 64 (4), 112-125.

WEIS, F. J., 1999: Entwicklung eines integrierten Pflanzenschutzsystems zur schwellenorientierten Bekämpfung von Cercospora beticola in der Zuckerrübenkultur - IPS-Modell-Zuckerrübe. Dissertation Universität Kiel.

WOLF, P. F. J, F. J. WEIS, J.A. VERREET, 1995: Influence of different croping systems and threshold values on the epidemiological behaviour of Cercospora beticola in sugar beet, In: 47th International symposium on crop protection, Gent, Belgium: 2b, 60.

WOLF, P. F. J, J.A. VERREET, 2001: Welches Fungizid in Zuckerrüben? Zuckerrübe, 50, 144-146.

V Epilog

Der Einsatz von Pflanzenschutzmitteln in Zuckerrüben und anderen Kulturen unter Berücksichtigung des integrierten Pflanzenschutzes

Landwirtschaftliche Kulturen in Deutschland weisen eine unterschiedliche Anbauintensität auf, dies wird vor allem im Bereich des Einsatzes von chemischen Pflanzenschutzmitteln deutlich. Die öffentliche Diskussion darüber wird kontrovers geführt, zum Beispiel werden Pflanzenschutzmittel in Zusammenhang mit dem Rückgang der Artenzahlen in der europäischen Kulturlandschaft gebracht (GEIGER et al., 2010). Dabei werden der Nutzen einer wirtschaftlichen Pflanzenproduktion und der Einsatz zunehmend umweltschonenderer Pflanzenschutzmittel außer Acht gelassen. Denn von Pflanzenschutzmitteln dürfen keine schädlichen Auswirkungen auf die Gesundheit von Mensch, Tier und den Naturhaushalt ausgehen (PflSchG, 2012). Deshalb ist die Sicherheit für Anwender, Verbraucher und sonstige Personengruppen ein zentrales Thema bei der Zulassung von Pflanzenschutzmitteln. Nur Pflanzenschutzmittel, deren Anwendung keine unvertretbaren Auswirkungen auf die oben genannten Faktoren haben, können eine Zulassung erhalten. Um den Einsatz von Pflanzenschutzmitteln sicher zu gestalten, werden im Rahmen der Zulassung kulturspezifische Indikationen für verschiedene Schaderreger mit den jeweiligen Aufwandmengen und Behandlungshäufigkeiten festgelegt. Die ökotoxikologischen Zulassungskriterien wurden im Vergleich zu früher deutlich verschärft. Dies minimiert eine Gefährdung von Mensch, Tier und Naturhaushalt und sorgt für Wirkungssicherheit gegenüber Schaderregern.

Dokumentation des Pflanzenschutzmitteleinsatzes

Zur Dokumentation der Intensität des Pflanzenschutzmitteleinsatzes in Deutschland können verschiedene Parameter genutzt werden. Relativ einfach, aber auch ungenau ist der Vergleich von produzierter und importierter Menge an Pflanzenschutzmitteln mit der dazugehörigen Anbaufläche je Kultur und Jahr. Die Lagerhaltung von Pflanzenschutzmitteln und eine nicht immer exakt einer Kultur zuzuordnende Ausbringung erschweren jedoch eine aussagekräftige Bewertung. Eine weitaus genauere Möglichkeit stellen betriebs- und kulturartspezifische Erhebungen zum Pflanzenschutzmitteleinsatz dar. Diese wurden erstmals flächendeckend ab 1975 bis 1979 und 1987 unter allgemeinen Umwelt- und Bodenschutzaspekten durchgeführt (HILLE, 1988). Zunehmende gesellschaftliche Interessen sowie das Reduktionsprogramm chemischer Pflanzenschutz (BMVEL, 2004) und nachfolgend der nationale Aktionsplan zur nachhaltigen Anwendung von Pflanzenschutzmitteln (NAP) (BMELV, 2008) führten 1999/2000 zu einer Wiederaufnahme der betriebsspezifischen Erhebungen und zur Etablierung der NEPTUN-Erhebungen (Netzwerk zur Ermittlung der Pflanzenschutzmittelanwendung in unterschiedlichen, landwirtschaftlich relevanten Naturräumen Deutschlands). Ziel dieser Erhebungen war die Schaffung von Transparenz beim Einsatz von Pflanzenschutzmitteln sowie die Bereitstellung von belastbaren Daten. Die daraus abgeleiteten Indikatoren für die Intensität des Pflanzenschutzeinsatzes sind der Behandlungsindex und die Behandlungshäufigkeit (BMVEL, 2004).

Wissenschaftliche Ansätze zur Implementierung und Bewertung des integrierten Pflanzenschutzes in der Praxis

Kernelement des NAP ist die Anwendung des integrierten Pflanzenschutzes, der eine Ausrichtung des Pflanzenschutzes am notwendigen Maß fordert (ANONYMUS, 2009). Für den Anbau von Zuckerrüben wurden dazu umfassende Untersuchungen durchgeführt. An erster Stelle steht die Entwicklung der sektorspezifischen Leitlinien für den integrierten Pflanzenschutz im Zuckerrübenanbau (GUMMERT et al., 2011). Diese beschreiben in detaillierter Weise, wie sich der integrierte Pflanzenschutz in Zuckerrüben in der Praxis umsetzen lässt und zeigen somit Ansätze für eine nachhaltige Entwicklung der Produktion von Zuckerrüben auf. Darüber hinaus wurden Auswirkungen unterschiedlicher Herbizidstrategien auf Indikatororganismen wie Regenwürmer und die epigäische Fauna untersucht (FISCHER et al., 2010; MARWITZ et al., 2011). Diese bestätigen, dass Bodenbearbeitung und Umwelt (Standort * Witterung) einen vielfach höheren Einfluss ausüben als der Pflanzenschutzmitteleinsatz. Da die Festlegung des notwendigen Maßes zurzeit in der Diskussion ist, wurden drei verschiedene Ansätze aus dem NAP, (i) ein statistischer Ansatz, (ii) ein versuchstechnischer Ansatz und (iii) ein praxisbezogener Ansatz zur Ermittlung des notwendigen Maßes beispielhaft analysiert (VASEL et al., 2011). Dabei wurde im praxisbezogenen Ansatz das notwendige Maß durch eine Expertenbeurteilung auf Schlagniveau anhand der vier Faktoren Behandlungsnotwendigkeit, Dosierung, Terminierung und Mittelwahl am präzisesten beschrieben, benötigte dafür jedoch einen vergleichsweise hohen Aufwand (FREIER et al., 2011). Mit Hilfe des Models SYNOPS wurde eine Risikobewertung des chemischen Pflanzenschutzes in Zuckerrüben durchgeführt (REINEKE und STRASSEMEYER, 2008). Für verschiedene Indikatororganismen in der Umwelt lassen sich damit potenziell akute und chronische Risiken als Quotienten von Konzentration und Toxizität von Wirkstoffen kalkulieren. Im Vergleich zu typischen Spritzfolgen aus den 1980er Jahren waren die potenziell akuten Risiken um den Faktor 10 oder mehr verringert.

Dies ist ein Beleg für die positive Entwicklung hin zu einem umweltschonenderen Zuckerrübenanbau. Darüber hinaus zeigte sich, dass eine gezielte Risikobewertung von Spritzfolgen mehr zu einer Reduktion von Risiken beitragen kann als die generelle Verminderung der Aufwandmenge von Pflanzenschutzmitteln.

Die Kombination dieser durchgeführten Untersuchungen ist bisher einmalig für eine Kultur, sorgt für eine umfassende Bewertung der Zuckerproduktion in Deutschland und erhöht zusätzlich die Transparenz als soziale Komponente einer nachhaltigen Entwicklung des Zuckerrübenanbaus.

Die Intensität des Pflanzenschutzmitteleinsatzes in landwirtschaftlichen Kulturen

Neben der Zuckerrübe gehören jedoch vor allem die Getreidearten, der Mais und die Ölfrüchte zu den Kulturen mit bedeutendem Anbauumfang in Deutschland. Diese Kulturen weisen aufgrund verschiedener Krankheiten, Unkräuter und Anbauverfahren einen sehr differenzierten Anspruch an die Applikation von Pflanzenschutzmitteln auf (siehe NEPTUN-Berichte der jeweiligen Kulturen), welche nachfolgend der Zuckerrübe gegenübergestellt werden.

Der Anbau der Getreidearten weist einen Behandlungsindex von etwa 2,8 auf, wobei ein relativ ausgeglichenes Verhältnis von Herbiziden und Fungiziden von je etwa 0,9 bis 1,4 vorliegt. Insektizide werden mit einem vergleichsweise niedrigen Behandlungsindex von maximal 0,4 eingesetzt. Der Anbau von Mais hingegen benötigt in der Regel nur Applikationen von Herbiziden mit einem Behandlungsindex von etwa 1,2. Dabei gestalten sich Herbizidapplikationen im Vergleich zu den übrigen Kulturen recht simpel, da häufig eine Applikation ausreicht und weder Terminierung (Witterung) noch Selektivität (Kulturverträglichkeit) von großer Bedeutung sind. Auf den Fungizideinsatz wird zulassungsbedingt verzichtet und Insektizide werden nur selten appliziert, sie weisen einen Behandlungsindex von etwa 0,1 auf. Der Behandlungsindex beim Anbau von Raps liegt mit etwa 3,4 auf dem gleichen Niveau wie beim Anbau von Winterweizen, weist jedoch für Insektizide mit einem Behandlungsindex von etwa 1,4 einen hohen Anteil auf. Schadinsektenbefall führt im Rapsanbau zu starken Ertragsverlusten, die Bekämpfung wird jedoch durch Monitoring und die Nutzung von Bekämpfungsschwellen am Konzept des integrierten Pflanzenschutzes ausgerichtet. Herbizide werden mit einem Behandlungsindex von etwa 1,2 im Vor- und Nachauflauf eingesetzt. Der Behandlungsindex für Fungizide beträgt etwa 0,7.

Der Behandlungsindex beim Anbau von Zuckerrüben liegt bei etwa 3,3 und wird maßgeblich durch die Unkrautbekämpfung bestimmt. Die geringe Konkurrenzkraft der

Zuckerrüben in der Jugendentwicklung gegenüber Unkräutern, die zu massiven Ertragsverlusten bei Nichtbekämpfung führen, erfordert den Einsatz von Herbiziden mit einem Behandlungsindex von etwa 2,3. Eine im Vergleich der Kulturen niedrige Selektivität der Wirkstoffe erfordert höchste Ansprüche an die Terminierung, Dosierung und Mittelwahl der Herbizidapplikationen, um diese möglichst effizient und vor allem wirtschaftlich zu gestalten. Daraus ergeben sich enge Zeitfenster für die optimale Terminierung der drei bis vier Applikationen, welche maßgeblich durch die Witterung beeinflusst werden. Diese müssen fortlaufend angepasst werden, was höchste Ansprüche an die Anwender und die technische Umsetzung stellt. Der Einsatz von Fungiziden mit einem Behandlungsindex von etwa 0,8 hingegen gestaltet sich durch die Nutzung von Monitoring, Prognosesystemen und die Berücksichtigung von Bekämpfungsschwellen vergleichsweise einfach. Zur integrierten Bekämpfung von Blattkrankheiten gehören zudem eine angepasste Fruchtfolge und der Anbau blattgesunder Sorten. Der Befall mit Schadinsekten ist auf den meisten Standorten und in den meisten Jahren nicht bekämpfungswürdig, so dass der Behandlungsindex der Insektizide bei etwa 0,2 liegt. Dabei muss berücksichtigt werden, dass die insektizide und fungizide Behandlung des pillierten Saatgutes generell nicht in den Behandlungsindex einbezogen wird. Die geringe applizierte Menge und die sehr spezifische Applikation mit höchstem Anwenderschutz sowie der sehr kleine Wirkort sind dabei ein besonderes und frühes Beispiel des integrierten Pflanzenschutzes.

In anderen Kulturen, wie zum Beispiel beim Anbau von Äpfeln und Birnen erfolgt der Pflanzenschutzmitteleinsatz zur Sicherstellung höchster Qualität des Produktes mit einem Behandlungsindex von etwa 15 bis 30. Dies verdeutlicht die vergleichsweise niedrige Intensität des Einsatzes von Pflanzenschutzmitteln in Ackerbaukulturen in Deutschland und setzt insbesondere auch in Zuckerrüben Maßstäbe für den integrierten Pflanzenschutz.

Zusammenfassung

Innerhalb der vorgestellten Artikel wurden vor allem die Veränderungen und der Status quo der Pflanzenschutzmittelstrategien sowie die Ermittlung des notwendigen Maßes im Pflanzenschutz im Zuckerrübenanbau analysiert und dokumentiert. Dabei erfolgte eine inhaltliche Unterteilung in die Themengebiete: (I.) Ansätze zur Ermittlung des notwendigen Maßes im Pflanzenschutz in Zuckerrüben sowie in die Ermittlung des Schaderregerauftretens und der Pflanzenschutzstrategien im Zuckerrübenanbau unterteilt in die Wirkstoffbereiche, (II.) Herbizide und (III.) Fungizide und Insektizide.

Die Ergebnisse dieser Arbeit werden nachfolgend anhand der Unterteilung der Themengebiete zusammenfassend vorgestellt.

I: Das notwendige Maß bei der Anwendung von Pflanzenschutzmitteln kann anhand von verschiedenen Methoden, einem statistischen Ansatz, einem versuchstechnischen Ansatz und einem praxisbezogenen Ansatz, ermittelt werden. Dabei sind bestimmte Qualitätsparameter einer Stichprobe erforderlich, um eine hohe Belastbarkeit der Ergebnisse zu ermöglichen, wie z. B. der stichprobengrößenunabhängige Parameter der Normalverteilungs- und Varianzbeschreibung (n/a). Dieser Parameter konnte durch eine wirkstoffbezogene Auswertung der Behandlungsintensitäten der NEPTUN-Erhebung Zuckerrüben ermittelt werden und sollte $n/a > 3$ betragen. Der versuchstechnische Ansatz ist aufgrund der großen standort- und jahresspezifischen Differenzen eher eingeschränkt zur Bestimmung des notwendigen Maßes geeignet. Die Expertenbeurteilung von Pflanzenschutzmaßnahmen im praxisbezogenen Ansatz ermittelt das notwendige Maß anhand der vier Faktoren Behandlungsnotwendigkeit, Dosierung, Terminierung und Mittelwahl am präzisesten, benötigt dafür jedoch den vergleichsweise größten Arbeitsinput.

II: Das Unkrautauftreten und der Herbizideinsatz in Zuckerrüben haben sich in den letzten Dekaden sehr verändert. Daher wurde eine Bestimmung und Analyse von Entwicklungen im Unkrautauftreten sowie deren Regulierung durch Herbizidstrategien auf regionaler und nationaler Ebene durchgeführt. Hierfür wurden Daten aus der Umfrage Produktionstechnik im Zuckerrübenanbau (1994-2010) und der NEPTUN-Erhebung Zuckerrüben (2005, 2007 und 2009) verwendet. Im Zeitraum von 1996 bis 2010 hat sich der Anteil von häufig auftretenden Unkräutern nahezu verdreifacht, und von schwer zu bekämpfenden Unkräutern verdoppelt. Die wichtigsten häufig auftretenden Unkräuter waren 2010 Gänsefußgewächse (CHESS), Knötericharten (POLSS) und Klettenlabkraut (GALAP) mit einem Vorkommen auf 36 % bis 79 % der Anbaufläche. Die häufigsten schwer zu bekämpfenden Unkräuter waren Knötericharten

(POLSS), Bingelkraut (MERAN) und Hundspetersilie (AETCY), welche 2010 auf weniger als 26 % der Anbaufläche vorkamen.

Während der Flächenanteil von Mulchsaat und Nachauflaufbehandlungen stetig anstieg, lag die Behandlungshäufigkeit über die Jahre relativ konstant bei etwa 3-3,5. Auch die Anzahl eingesetzter Herbizide und Wirkstoffe je Behandlung lag relativ konstant bei 2,5 bzw. 4, jedoch änderte sich der Behandlungsindex signifikant von 2 in 2005 auf 2,4 in 2009. Die Strategien der Unkrautregulierung in den drei untersuchten Beispielregionen im Norden, Westen und Süden Deutschlands unterschieden sich im Jahr 2009 hauptsächlich in der Behandlungshäufigkeit, der Anzahl an eingesetzten Herbiziden je Behandlung, der Anzahl eingesetzter Wirkstoffe je Behandlung und dem Behandlungsindex. Die Behandlungshäufigkeit variierte zwischen 2,9 in der Beispielregion 3, mit niedrigeren Anteilen an Problemunkräutern und 4,5, in der Beispielregion 1, in der vor allem Ausfallraps (BRSNN) reguliert wurde. Die Anzahl an eingesetzten Herbiziden je Behandlung variierte zwischen 2,2 in Beispielregion 3 und 3,5 in der Beispielregion 2, in der vor allem Bingelkraut (MERAN) weit verbreitet war. Die Anzahl eingesetzter Wirkstoffe je Behandlung variierte zwischen 3,6 in Beispielregion 1 und 4,8 in Beispielregion 2. Der Behandlungsindex variierte zwischen 1,5 in Beispielregion 3 und 2,5 in Beispielregion 2. Zum ersten Mal wurden dadurch Verunkrautungen mit den entsprechenden Herbizidstrategien in Bezug gesetzt. Die unkrautartspezifische Anpassung der Behandlungsmuster, die Herbizidintensität und die Reduktion von Aufwandmengen verdeutlichen die Verinnerlichung des integrierten Pflanzenschutzes im Zuckerrübenanbau seitens der Praxis, welcher Bestandteil der EU-Direktive 2009/128/EG für eine nachhaltige Verwendung von Pestiziden ist.

III: Neben dem Unkrautvorkommen haben sich auch das Auftreten von Blattkrankheiten und Schadinsekten sowie die Applikation von Fungiziden und Insektiziden in Zuckerrüben in den letzten Dekaden fortlaufend verändert. In dieser Arbeit erfolgte ebenfalls eine Beschreibung und Analyse von Entwicklungen im Auftreten von Blattkrankheiten und Schadinsekten und deren Regulierung auf regionaler und nationaler Ebene in Deutschland mit Hilfe der gleichen Datenquellen wie in Artikel 2. Seit 1999 hat sich der Anteil mit Blattkrankheiten befallener Zuckerrüben von etwa 50 % auf nahezu die gesamte Anbaufläche ausgebreitet. Die Cercospora-Blattflecken hatten 2009 mit über 70 % befallener Anbaufläche den größten Anteil daran, gefolgt von Mehltau mit einem Anteil von etwa 20 %. Andere Blattkrankheiten wiesen nur regional eine stärkere Bedeutung auf. In den letzten 20 Jahren konnte eine deutliche Zunahme bei der Applikation von Fungiziden von etwa 20 % auf 80 % der Anbaufläche beobachtet werden. Die Behandlungshäufigkeit nahm währenddessen regional auf bis zu 2,2 Applikationen zu.

Das Auftreten von Schadinsekten variierte seit 2004 bis 2010 stärker zwischen 30 % und 70 % der Anbaufläche, eine Regulierung erfolgte jedoch häufig nur auf etwa 20 % der Anbaufläche. Jahre mit starkem Befall, wie 1994, 2008 und 2009, bildeten hierbei eine Ausnahme. In der Regel verursachte das Auftreten von Blattläusen die Applikation von Insektiziden. Die Anzahl eingesetzter Fungizide und Insektizide lag häufig nahe 1,0. Während der Behandlungsindex und die Behandlungshäufigkeit seit 2005 bei Fungiziden zwischen 0,5 und 0,9 und bei Insektiziden zwischen 0,1 und 0,2 lagen, variierte der Behandlungsindex je Applikation in beiden Wirkstoffgruppen nur geringfügig im Bereich um 1,0. Die regionalen Strategien unterschieden sich im Jahr 2009 hauptsächlich im Applikationstermin und der Behandlungshäufigkeit, die bei Fungiziden zwischen 0,9 im Norden und 2,2 im Süden und bei Insektiziden zwischen 0,0 im Süden und 0,5 im Norden variierte. Der Behandlungsindex je Applikation lag in allen Regionen und beiden Wirkstoffbereichen nahe 1,0. Der weitgehende Verzicht auf eine Reduktion der Aufwandmengen von Fungiziden und Insektiziden und die Unterschiede im Applikationstermin sind Ausdruck von Resistenzvermeidungsstrategien und der Implementierung von Bekämpfungsschwellensystemen im Sinne des integrierten Pflanzenschutzes im Zuckerrübenanbau.

Literatur

ANONYMUS, 2009: Richtlinie 2009/128/EG des Europäischen Parlaments und des Rates vom 21. Oktober 2009 über einen Aktionsrahmen der Gemeinschaft für die nachhaltige Verwendung von Pestiziden. Amtsblatt der Europäischen Union.

BMELV, 2008: Nationaler Aktionsplan zur nachhaltigen Anwendung von Pflanzenschutzmitteln. Bundesministerium für Ernährung, Landwirtschaft und Verbraucherschutz. Bonn, Eigenverlag.

BMVEL, 2004: Reduktionsprogramm chemischer Pflanzenschutz. Bundesministerium für Verbraucherschutz, Ernährung und Landwirtschaft. Berlin, Eigenverlag.

FISCHER, F., U. HEIMBACH, 2010: Auswirkungen verschiedener Herbizidstrategien auf Laufkäfer (Carabidae) in Zuckerrüben. Sugar Industry 135, 36-40.

FREIER, B., J. SELLMANN, J. SCHWARZ, M. JAHN, E. MOLL, V. GUTSCHE, W. ZORNBACH, 2011: Netz Vergleichsbetriebe Pflanzenschutz – Jahresbericht 2010 Analyse der Ergebnisse der Jahre 2007 bis 2010. Berichte aus dem Julius Kühn-Institut 161, Eigenverlag

GEIGER, F., J. BENGTSSON, F. BERENDSE, W. W. WEISSER, M. EMMERSON, M. B. MORALES, P. CERYNGIER, J. LIIRA, T. TSCHARNTKE, C. WINQVIST, S. EGGERS, R. BOMMARCO, T. PÄRT, V. BRETAGNOLLE, M. PLANTEGENEST, L. W. CLEMENT, C. DENNIS, C. PALMER, J. J. ONATE, I. GUERRERO, V. HAWRO, T. AAVIK, C. THIES, A. FLOHRE, S. HÄNKE, C. FISCHER, P. W. GOEDHART, P. INCHAUSTI, 2010: Persistent negative effects of pesticides on biodiversity and biological control potential on European farmland. Basic and Applied Ecology 11, 97-105.

GUMMERT, A., E. LADEWIG, P. LUKASHYK, B. MÄRLÄNDER, 2011: Leitlinien des integrierten Pflanzenschutzes im Zuckerrübenanbau. Hrsg.: Institut für Zuckerrübenforschung, Göttingen.

HILLE, M., 1988: Erhebung über Art und Menge der während des Erntejahres 1987 in verschiedenen Ackerbaukulturen angewendeten Wirkstoffe von Pflanzenschutzmitteln. Mitteilungen aus der Biologischen Bundesanstalt für Land- und Forstwirtschaft. Verlag Paul Parey Berlin. 67 S.

MARWITZ, A., E. LADEWIG, B. MÄRLÄNDER, 2011: Wirkung von Herbizid-Strategien auf die Regenwurmpopulation und Aktivität der Bodenfauna in Zuckerrüben in Abhängigkeit von Bodenbearbeitung und Standort. Sugar Industry 136, 41-52.

PflSchG, 2012: Gesetz zum Schutz der Kulturpflanzen (Pflanzenschutzgesetz – PflSchG). Ausfertigungsdatum 06.02.2012.

REINEKE, H., J. STRASSEMEYER, 2008: Bewertung des chemischen Pflanzenschutzes bei Zuckerrüben mit SYNOPS. Mitteilungen des Julius Kühn-Institutes 417, 78.

VASEL, E. H., E. LADEWIG, B. FREIER, B. MÄRLÄNDER, 2011: Ansätze zur Ermittlung des notwendigen Maßes im Pflanzenschutz in Zuckerrüben. Sugar Industry 136, 611-620.

VI Danksagung

Herrn Prof. Dr. Bernward Märländer möchte ich herzlich für die Überlassung des Themas und die Übernahme des Referates danken. Das Engagement und die Unterstützung seinerseits in jeder Phase meiner Promotion haben maßgeblich zum Gelingen dieser Arbeit beigetragen. Auch für die Möglichkeit der Teilnahme an den Doktorandenexkursionen, Doktorandentreffen sowie den besuchten Tagungen möchte ich mich recht herzlich bedanken.

Herrn Prof. Dr. Peter Zwerger danke ich für die bereitwillige Übernahme des Korreferats.

Herrn Prof. Dr. Andreas von Tiedemann möchte ich für die freundliche Bereitschaft zur Übernahme des Amtes des dritten Prüfers danken.

Für die vielen Anregungen, kritischen Durchsichten, der seelischen und moralischen Unterstützung sowie sämtliche anderen notwendigen Belangen auf dem Weg zur Veröffentlichung der einzelnen Manuskripte danke ich ganz besonders M.Sc. agr. Kathrin Bornemann, Dr. Cord Buhre, Dipl. agr. oec. Markus Gallasch, M.Sc. agr. Annett Gummert, Dr. Anna Jacobs, Kerstin Klapproth, Dr. Stefanie Kluth, Dr. Heinz-Josef Koch, Dr. Erwin Ladewig, M.Sc. agr. Jens Loel, M.Sc. agr. Heinrich Reineke, M.Sc. agr. Lilli-Aline Schroeder, M.Sc. agr. Philipp Starke, Dr. Sabine von Tiedemann und Dipl.-Geogr. Silke Vasel.

Dem Bundesministerium für Ernährung, Landwirtschaft und Verbraucherschutz (BMELV) sowie der Bundesanstalt für Landwirtschaft und Ernährung (BLE) danke ich für die finanzielle Unterstützung des Projektes.

VII Lebenslauf

Persönliche Daten

Name:	Eike-Hennig Vasel
Geburtsdatum, -ort:	09.04.1984, Helmstedt

Schulausbildung

1990 – 1994	Grundschule in Emmerstedt
1994 – 1996	Orientierungsstufe Lorenz von Mosheim in Helmstedt
1996 – 2003	Gymnasium Julianum in Helmstedt

Ausbildung

2003 – 2004	2. landwirtschaftliches Lehrjahr, Betrieb Meiners in Timmern
2004 – 2009	Studium der Agrarwissenschaften an der Georg-August-Universität Göttingen, Studienrichtung Pflanzenproduktion, Abschlüsse: Bachelor of Science, Master of Science
2009 – 2012	Promotionsstudiengang Agrarwissenschaften an der Georg-August-Universität Göttingen

Berufliche Tätigkeit

2009 – 2012	Wissenschaftlicher Mitarbeiter am Institut für Zuckerrübenforschung in Göttingen
seit September 2012	Wissenschaftlicher Mitarbeiter bei Strube Research GmbH & Co.KG in Söllingen